河南省黄河流域水环境承载力评价研究

肖军仓 袁彩凤 等著

黄河水利出版社
·郑州·

内 容 提 要

本书分为上、下两篇。上篇为"理论与方法",包括 7 章,分别介绍了水环境容量和水环境承载力的概念及研究进展,水环境现状评估方法,水环境状况预测和趋势分析方法,控制单元划分方法,环境容量核定方法,水环境模拟模型容量核定方法,水环境承载力理论与评价方法。下篇为"黄河流域水环境承载力评价",包括 5 章,以实例应用为主要目标,基于上篇介绍的理论与方法,对河南省黄河流域的水环境容量进行了定量计算,并对水环境承载力进行了评价;基于 SWAT 模型,对伊洛河流域的水环境容量进行了核算。

本书可供水利、生态环境部门的管理者与决策者以及水环境规划领域的科技人员参考。

图书在版编目(CIP)数据

河南省黄河流域水环境承载力评价研究/肖军仓等著.—郑州:黄河水利出版社,2023.7
ISBN 978-7-5509-3652-2

I.①河… II.①肖… III.①黄河流域-水环境-环境承载力-研究-河南 IV.①X143

中国国家版本馆 CIP 数据核字(2023)第 140265 号

组稿编辑 王志宽 电话:0371-66024331 E-mail:wangzhikuan83@ 126.com

责任编辑	李晓红	责任校对	王单飞
封面设计	李思璇	责任监制	常红昕

出版发行 黄河水利出版社
　　地址:河南省郑州市顺河路 49 号 邮政编码:450003
　　网址:www.yrcp.com E-mail:hhslcbs@ 126.com
　　发行部电话:0371-66020550
承印单位 河南新华印刷集团有限公司
开　　本 787 mm×1 092 mm 1/16
印　　张 10　　　　　　　　　　插页 5
字　　数 240 千字
版次印次 2023 年 7 月第 1 版　　2023 年 7 月第 1 次印刷
定　　价 78.00 元

《河南省黄河流域水环境承载力评价研究》
撰写委员会

肖军仓　袁彩凤　王燕鹏　张清敏

张晓果　王梦园　郝松泽　黄　金

张　志　路　忻　董润莲　唐　幸

刘晓菊　潘红卫　铁文利

前 言

水环境是环境系统的重要组成部分,是人类赖以生存和发展不可或缺的条件之一。它既是支撑社会经济系统发展的物质资源,也是支撑生态系统循环运转的环境资源。随着社会经济飞速发展,人类活动对水环境的压力不断加大,水环境质量恶化、水资源匮乏、水生态系统崩溃等问题频发。环境自净能力、环境容量、环境承载力等概念相继提出,水环境承载力逐渐成为研究热点。

党中央、国务院高度重视水环境承载力在水环境质量改善和推进生态文明建设中的地位和作用。我国生态文明体制改革和水污染防治相关政策、法规明确要求开展水环境承载力评估与预警工作。《水污染防治行动计划》(简称《水十条》)提出,建立水资源、水环境承载能力监测评价体系,实行承载能力监测预警,2020 年完成市、县域水资源、水环境承载能力现状评价。新修改的《中华人民共和国水污染防治法》也提出,根据流域生态环境功能需要,明确流域生态环境保护要求,组织开展流域环境资源承载能力监测、评价,实施流域环境资源承载能力预警。

2019 年 9 月 18 日,习近平总书记在郑州主持召开黄河流域生态保护和高质量发展座谈会并发表重要讲话,强调"要坚持生态优先、绿色发展""以水而定、量水而行""共同抓好大保护,协同推进大治理""着力加强生态保护治理""促进全流域高质量发展"。为贯彻习近平总书记在河南省考察调研时的重要讲话精神,落实黄河流域生态保护和高质量发展重大国家战略,2020 年,河南省设立了"河南省黄河流域水环境承载力和水环境容量研究项目",该项目旨在通过对水环境容量、水环境承载力进行科学研究,引导控制污染物总量合理分配,更好地发挥控源减排在结构调整、产业升级中的调节作用,实现产业结构合理布局,为环境管理提供技术支撑,改善黄河流域水环境质量。

本书分为上、下两篇。上篇为"理论与方法",包括 7 章,分别介绍了水环境容量和水环境承载力的概念及研究进展,水环境现状评估方法,水环境状况预测和趋势分析方法,控制单元划分方法,环境容量核定方法,水环境模拟模型容量核定方法,水环境承载力理论与评价方法。下篇为"黄河流域水环境承载力评价",包括 5 章,以实例应用为主要目标,基于上篇介绍的理论与方法,对河南省黄河流域的水环境容量进行了定量核算,并对水环境承载力进行了评价;基于 SWAT 模型,对伊洛河流域的水环境容量进行了核算。

本书可供水利、生态环境部门的管理者与决策者以及水环境规划领域的科技人员参考。

限于作者水平,书中难免存在一些不妥之处,敬请读者批评指正。

作 者
2023 年 5 月

目　录

上篇　理论与方法

下篇　黄河流域水环境承载力评价

上篇　理论与方法

第 1 章　绪　论

1.1　背景与意义

水环境是环境系统的重要组成部分,是人类赖以生存和发展不可或缺的条件之一。它既是支撑社会经济系统发展的物质资源,也是支撑生态系统循环运转的环境资源,具有自然-社会-经济三重属性和生活-生产-生态三重价值。随着社会经济的飞速发展,人类活动对流域(区域)水环境的压力不断加大。在我国许多地区,社会经济发展带来的压力超过了水环境承载力可支撑的阈值,导致流域(区域)水环境质量恶化、水资源匮乏、水生态系统崩溃等问题频发,社会经济与水环境难以协调持续发展,严重危及了人类生产与生活。因此,如何基于天然水系统的自然属性,科学合理地调整产业结构、控制人口规模、保证流域(区域)社会经济与水环境可持续协调发展显得尤为重要。由此,环境自净能力、环境容量、环境承载力等概念被各国学者相继提出,水环境承载力的概念也应运而生。

党中央、国务院高度重视水环境承载力在水环境质量改善和推进生态文明建设中的地位和作用。我国生态文明体制改革和水污染防治相关政策、法规明确要求开展水环境承载力评估与预警工作。《生态文明体制改革总体方案》要求树立空间均衡的理念,把握人口、经济、资源环境的平衡点推动发展,人口规模、产业结构、增长速度不能超出当地水土资源承载力和环境容量,并提出建立资源环境承载能力监测预警机制。《水污染防治行动计划》提出,建立水资源、水环境承载能力监测评价体系,实行承载能力监测预警,2020 年完成市、县域水资源水环境承载能力现状评价。新修改的《中华人民共和国水污染防治法》也提出,根据流域生态环境功能需要,明确流域生态环境保护要求,组织开展流域环境资源承载能力监测、评价,实施流域环境资源承载能力预警。

2019 年 9 月 18 日,习近平总书记在郑州主持召开黄河流域生态保护和高质量发展座谈会并发表重要讲话,强调“要坚持生态优先、绿色发展”“以水而定、量水而行”“共同抓好大保护,协同推进大治理”“着力加强生态保护治理”“促进全流域高质量发展”。为贯彻习近平总书记在河南省考察调研时的重要讲话精神,落实黄河流域生态保护和高质量发展重大国家战略,河南省政府印发了《2020 年河南省黄河流域生态保护和高质量发展工作要点》。环境容量和环境承载力研究是“以水而定、量水而行”的基础。2020 年 3 月 4 日,河南省生态环境厅党组召开扩大会议,对开展黄河流域水环境承载力和水环境容量研究工作进行了安排部署。

1.2　相关研究进展

1.2.1　水环境容量研究进展

1.2.1.1　水环境容量的概念

环境容量是环境科学的基本理论问题之一,其概念最初由日本学者西村肇、中田喜三郎和矢野雄幸于1968年提出,他们认为环境容量是按环境质量标准确定的某一范围内环境所能承纳的最大污染物负荷总量。20世纪70年代末,我国在引入环境容量概念的同时就拓展性地开展了水环境容量研究工作,创新性地给出了水环境容量的思想解说和概念定义。水环境容量通常定义为某一水环境单元在给定的环境目标下所能容纳的污染物的量。也就是指环境单元依靠自身特性使本身功能不致于破坏的前提下能够允许的污染物的量。据此定义,水环境容量是一个与水体特征、水质目标和污染物特性有关的变量。同时,它还与污染物排放方式及排放时空分布有着密切关系。在理论上,水环境容量是环境自然规律参数与社会效益参数的多变量函数;它反映了污染物在水体中的迁移、转化规律,也满足特定功能条件下水环境对污染物的承受能力。在实践上,水环境容量是环境目标管理的基本依据,是水环境规划的主要环境约束条件,也是污染物总量控制的关键参数。水环境容量的大小不仅取决于自然环境条件,以及水体自身的物理、化学和生物学方面的特征,而且与水质要求和污染物的排放方式有密切关系。它是以环境目标和水体稀释自净规律为依据的,以环境功能区划目标作为环境目标是自然环境容量,以环境管理标准值作为环境目标是管理环境容量。

水环境容量具有资源性、区域性和系统性三个基本特征。

资源性是指水环境容量是一种有限的可再生自然资源,其价值体现在对排入污染物的缓冲作用,即容纳一定量的污染物也能满足人类生产、生活和生态系统的需要。但当污染负荷超过水环境容量时,其恢复将十分缓慢与艰难。

区域性是指由于受到各类区域的水文、地理、气象条件等因素的影响,不同水域对污染物的物理、化学和生物净化能力存在明显的差异,从而导致水环境容量具有明显的地域性特征。

系统性是指一般的河流、湖泊等水域处于大的流域系统中,流域之间又形成大生态系统,因此在确定局部水域水环境容量时,必须从流域的角度出发,合理协调流域内各水域的水环境容量,同时要兼顾流域整体特征。

影响水环境容量的因素很多,概括起来主要有以下四个方面:

(1)水域特性。水域特性是确定水环境容量的基础,主要包括:几何特征(岸边形状、水底地形、水深或体积),水文特征(流量、流速、降雨、径流等),化学性质(pH值、硬度等),物理自净能力(挥发、扩散、稀释、沉降、吸附),化学自净能力(氧化、水解等),生物降解(光合作用、呼吸作用)。

(2)水环境功能要求。目前,我国各类水域一般都划分了水环境功能区,对不同的水环境功能区提出不同的水质功能要求。不同的功能区划,对水环境容量的影响很大:水质要求高的水域,水环境容量小;水质要求低的水域,水环境容量大。

（3）污染物质特性。不同污染物本身具有不同的物理化学特性和生物反应规律,不同类型的污染物对水生生物和人体健康的影响程度不同。因此,不同的污染物具有不同的环境容量,但具有一定的相互联系和影响,提高某种污染物的环境容量可能会降低另一种污染物的环境容量。

（4）排污方式。水域的环境容量与污染物的排放位置与排放方式有关,因此限定的排污方式是确定环境容量的一个重要因素。

1.2.1.2 水环境容量研究进展

国外环境界自 20 世纪 60 年代末,最早由日本开始相关研究工作。为改善水和大气环境质量状况,日本提出了污染物排放总量控制,使其成为最早提出环境容量理论的国家。1973 年日本的《濑户内海环境保护特别措施法》提出了化学需氧量 COD 的概念,同时提出指定物质削减指导方针。1975 年日本卫生工学小组提交了《1975 年环境容量计量化调查报告》。此后,日本环境容量的应用不断推广。美国对水环境容量的研究起步较早。1972 年,美国国家环境保护局（EPA）提出 TMDL（total maximum daily load,最大日负荷总量）的概念,其包括污染点源负荷 WLA 和非点源负荷 LA（含背景负荷 BL 及支流负荷）,同时还要考虑给不确定因素留出的安全余量 MOS 及季节性变化的影响。美国水环境容量的研究及实施便以 TMDL 为核心展开。欧洲各国也较早进行了污染总量控制研究,如英国的泰晤士河、德国的内卡河以及莱茵河,均采用了各类治理措施,削减污染物入河总量,使河流水质状况恢复到较高水平。德国和欧盟采用水污染物总量控制管理办法后,使排入莱茵河 60% 以上的工业废水和生活污水得到处理,莱茵河水质有了明显好转。其他国家如瑞典、俄罗斯、罗马尼亚、波兰等都相继实行了以污染物排放总量为核心的水环境管理办法,取得了较好效果。

我国对环境容量的研究始于 20 世纪 70 年代,水环境容量作为环境容量的一个重要方面受到环境界的广泛注意,经过多年的研究和发展,在水环境容量理论、研究方法和实践应用等方面取得了一大批重要的研究成果。我国的研究可大致分为以下几个阶段:

起步阶段:20 世纪 70 年代末至 80 年代初,主要结合环境质量评价等项目进行研究,研究内容集中在水污染自净规律、水质模型、水质排放标准制定的数学方法上,从不同角度提出和应用了水环境容量的概念。这一时期在对我国黄河兰州段、松花江、淮河蚌埠段、漓江等水环境质量的评价中,分别研究和探讨了水环境自净规律、水质模型的数学处理方法,从不同角度提出和应用了水环境容量的概念。

探索阶段:"六五"至"八五"期间,国家环境保护科技攻关项目的开展,有力地推动了我国水环境容量的研究,部分高校和科研机构联合攻关,提出了科学、全面、简明的水环境容量定义和水环境容量的影响因素。同时,把水环境容量研究与水污染控制规划相结合,出现了一批有实效的成果,初步显示了水环境容量理论与生产实践相结合的威力。这一时期的研究对污染物在水体中的物理、化学行为进行了比较系统、深入的探讨。如开展了"主要污染物水环境容量研究",进行了"沱江有机物的水环境容量研究""湘江重金属的水环境容量研究""深圳市水污染控制规划研究""黄浦江污染综合防治规划方案研究""京津地区水域有机物污染及防治对策"等研究。出现了多目标综合评价模型、潮汐河网地区多组分水质模型、非点源模型、富营养化生态模型、大规模系统优化规划模型等,污染物研究对象也从一般耗氧有机物和重金属,扩展到氮、磷负荷和油污染,编制出水环境污染物总量控制实用系列化计算方法,并正式出版了《水环境容量综合手册》这一标志性成果。同时,容量理论推向系统化、实用化的阶段。此时,全国一些重点城市和地区相继编制完成了城市综合整治规划、水污染综合防治规划、污染物总量控制规划以及水环境功能区划,促进了水环境容量应用研究的发展。至此,我国对水环境容量概念从单纯反映水体对污染物的稀释、自净能力扩展到了为实施总量控制和优化负荷分配服务的水体纳污能力方向,提出了可分配水环境容量的概念。逐步实现了从污染源管理到水质管理,从浓度管理到总量管理,从目标总量到容量总量。

管理应用阶段:20世纪90年代以来,环境容量研究已全面进入应用阶段。国家攻关项目支持了武汉东湖、云南滇池、山西渭河等水域的污染综合防治,为环境容量理论的应用提供了广阔空间。同时,为了实现"九五"环境目标,我国发布了《国务院关于环境保护若干问题的决定》(国发〔1996〕31号)和《国家环境保护"九五"计划和2010年远景目标》,修改通过了《中华人民共和国水污染防治法》,明确规定我国"九五"期间要在全国范围内对环境危害较大的12种污染物实行总量控制,明确了在水污染防治方面实行水污染排放总量控制制度。为配合上述政策精神的落实,一些学者在全国多个水域开展了水环境容量开发利用研究,对我国水环境管理工作的科学化和污染物总量控制的实施起到了重要作用。

深化发展阶段:"十五"以来,按照《2003—2005年全国污染防治工作计划》(环办〔2003〕36号)的要求,国家环境保护总局从2003年8月开始,在全国进行环境容量核算工作。国家环境保护总局组织技术培训及分类指导。各地按照技术大纲进行基础资料收集,开展水质评价工作,在污染源调查评价基础上,对工业污染源、生活污染源、面污染源及其他污染源进行综合分析。"十一五"期间,为了水污染排放总量控制制度实施,国家组织编制完成了《全国水环境容量核定技术指南》。"十二五"期间,国家首次制定了《水与水环境容量计算规程》,为我国水资源规划保护提供了可靠的理论依据。"十三五"期间,国家以重点行业、产业环境保护问题为切入点,以重点区域和重点流域为载体,突出环保领域综合配套改革,研究并指定针对性强和易操作的解决方案。"十四五"将从"水环境、水资源、水生态"三水统筹等方面改善黄河流域水环境质量。到现在,国内外关于水环境容量的理论研究及实践应用都已经取得了很大的进展,为我国水质目标管理和水污染防控提供了科学基础。

关于水环境容量的计算方法,我国最早都是从定义中研究出来的,理论存在缺陷。后来的计算研究,主要以水质模型作为水环境容量的计算工具。中国环境科学研究院的夏青等认为管理好河流等环境的基础就是对排放污染物的总量控制,因此以美国国家环境保护局(EPA)的"总量负荷分配技术指南"为基础,吸纳国内经过验证的各种计算方法,提出了水污染总量控制的实用计算方法。万飚等对河流水环境容量的常规计算方法进行了分析,指出了其中的不足,对水环境容量重新计算并提出了修正的算法。高伟等以优化水生态承载力模型为基础,探讨了在流域水质与水量相结合的情况下研究区的水环境容量。熊鸿斌等以引江济淮工程涡河段为研究对象,首次创建了以MIKE 11模型为基础,建立结合稀释流量比 m 值方法计算研究区的水环境容量。范小杉等以沿海港口总体规划的生态承载力为研究对象,基于 P-S-R(压力-状态-响应)模型,建立了陆域、潮间带岸线、潮下带等水环境容量评价和生态承载力评价的技术方案,为推进我国水环境容量评价等提供了技术借鉴。文扬等以湖北省陆水流域为研究对象,基于一维、均匀模型计算了水环境容量,从水资源与水环境方面探讨了经济与水资源承载力的关系。李念春等对东营市进行探讨研究其水环境承载力,以对数承载率模型为基础,结合最大的组合赋权和离差平方方法计算出权重,计算出东营市的水环境容量。荆海晓等基于水动力和水质模型,以北运河为研究对象,以 COD_{Cr} 和 NH_3-N 为污染因子,计算出水环境容量,并采用线性规划模型对研究区的水环境容量进行了优化分配。黄一凡等以东洞庭湖为研究对象,以遥感和水文实测数据建立了水位-面积-湖容三个响应关系的模型,选取计算各种条件下的纳污模型参数,计算出研究区不同水文水质条件下的动态纳污能力及其系数,其研究成果对水环境的水质研究具有很重要的应用意义。马雪鑫等以乌梁素海为研究对象,分析计算出乌梁素海冰封期和非冰封期两个时期的水环境容量,并探讨了研究区水质水量与水环境容量的关系。孙冬梅等以海河干流为研究对象,以水动力水质模型为基础,计算河流的动态水环境容量,在计算的结果条件下,对研究区进行治理污染,并对 SWMM 模型模拟进行改造,其效果明显较好。褚雅君等以北京房山区为研究对象,以 COD_{Cr} 和 NH_3-N 为控制因子,根据一维模型计算出水环境容量,并在水量-水质约束条件下提出人口和经济对水资源承载力的表征。

1.2.2　水环境承载力研究进展

1.2.2.1　水环境承载力的概念

承载力原本是用于衡量地基对建筑的承载能力,是一个工程概念。这一概念在 1921 年首次被引入人类生态学领域,用来衡量在一定空间范围和自然资源条件下某种个体数量所能存在的极限阈值。20 世纪 70 年代,随着全球经济发展,产生了能源枯竭、环境持续恶化等问题,学者们应用承载力概念来解决、解释相关问题,产生了与水资源相关的水环境承载力,与土地如何合理利用,如何衡量其当前状态的土地承载力、环境承载力以及资源承载力。其中,以 Meadows 所著的《增长的极限》为代表,此书以工程思维来理解人类社会,即增长应被视为广泛的,并不局限于环境和经济,深深地影响了承载力的定义与发展,成为承载力起源与发展过程中的重要里程碑。1985 年,联合国教科文组织(UNESCO)正式提出了资源承载力的定义,联合国对承载力的正式定义使得承载力发展更加完善,该定义的确定也为其他承载力定义提供了借鉴意义。1995 年,Arrow 在《Science》上发表了《经济增长、承载力和环境》一文,该文的发表也正式把承载力概念引入广大学者视野内,之后引起了承载力研究的热潮。

曾维华等在 20 世纪 90 年代初的"福建省湄洲湾新经济开发区环境规划综合研究"课题中提出,环境承载力内涵为:在某种状态或条件下,某地区的环境所能承受的人类社会经济活动作用的阈值;而水环境承载力则为环境承载力的一个分量,指在一定技术经济条件下,由水资源、水环境与水生态三个子系统构成的水系统,所能承受的社会经济活动的阈值。

近年来,许多学者就水环境承载力开展了大量研究,提出各种定义以及相应的量化评估方法,并进行了实证研究。但是由于水环境是一个复杂的开放系统,其影响因素众多,因此学术界对水环境承载力的定义尚未达成共识。目前,主流的定义主要可以分为两类:

第一类是从水体容纳污染物能力出发定义水环境承载力,即认为水环境承载力就是该区域的水体在能够自我调节的前提下所能够接受污水和污染物的极限值。这一观点强调的是水体本身的容纳和调节能力,而没有将人类行为纳入考虑。因此,这类观点所定义的水环境承载力易于量化,便于不同时间的纵向对比以及不同空间的横向对比,同时为环境污染治理和污染物总量控制提供依据。

第二类是在第一类的基础上将人类活动考虑在内。即认为水环境承载力就是在某段时期的一定水域内,水体维持自身生态系统的前提下,能够支撑人口数量及社会经济发展的阈值。这一观点在水环境的基础上引入了人类活动的概念,因此这类观点所定义的水环境承载力既包括水体本身的纳污能力指标,还包括人类社会经济各种指标。这种广义上的水环境承载力量化难度较大,但能够为该区域的经济社会可持续发展提供量化的依据。

1. 水环境承载力的特征

水环境承载力既是客观的自然规律,同时也随着不同发展阶段人类对水资源的需求和环境保护观念的变化而动态浮动,因此其具有以下几个特征:

(1)主观性和动态性。水环境承载力和人类活动息息相关,水环境承载力大小取决于该区域人类的需求和相应的判断标准,因此水环境承载力具有主观性;同时水环境系统以及所支撑的人类经济社会都是在动态变化的过程中,因此水环境承载力也处于不断波动的过程,它的变化受到该区域水资源容量开发利用程度、人类科学技术水平及产业结构的影响。

(2)客观性。在特定的时期和地区内,水环境不仅有自我调节和纳污能力的限度,同时还有承载人类活动的限度。在一定时期内,水环境对人类社会经济发展不是无限制的贡献,而总是客观存在一个承载阈值。

(3)相对极限性。在特定的时期和地区内,水环境承载力有一个承载能力的上限。如果在限度内,水环境可以实现相应的生态功能以及自我调节。但是一旦超过上限,水环境的部分功能就会遭到永久性的破坏,无法进行自我调节,导致水体不能提供人类活动所需的水资源。虽然水环境承载能力存在上限,但是这个上限不是绝对的,而是随着区域水环境条件和社会经济条件变化而变化的相对极限。

(4)区域性。不同地区的水体本身性质有很大区别,例如水资源容量、水体质量以及水体纳污能力;同时,不同地区人类活动不同导致水体所承担的需求及其执行的质量标准也不同,因此水环境承载力具有明显的区域性。

2. 水环境承载力的影响因素

水环境承载力不仅和水环境本身的特性、水生生态环境的作用相关,还受到人类社会中经济、科技、环保等方面的影响,因此其影响因素很多,具体如下:

(1)水环境本身影响。水环境承载力受到水体资源总量和水质的影响,简而言之,水体资源总量越丰富以及水质越好,水环境承载力越高。另外,如果水资源开发率越高,则会导致可利用的水体资源总量减少,水环境承载力就会下降。

（2）生态环境影响。如果水体内部植被丰富、生态环境良好,则有利于提高水体的自我调节能力,从而提高水环境承载力。但是如果水体容纳的污染物过多,就会破坏水体的生态环境,从而降低水体的调节能力,不利于水环境承载力上升。

（3）人类活动影响。水环境承载力还受到人类活动的影响。随着经济快速发展,人类所需要的水资源需求量上升,所排放的污染物和污水增加,这导致水环境承载力大大下降,因此科学技术的发展和相关环保法规的颁布在提高水环境承载力方面至关重要。科学技术的发展一方面有利于增加水资源的利用率,减少水资源的浪费;另一方面可以提高污水的处理效率,减少排放。而相关环保法规的颁布更是从法律上规定保护水资源、水环境的重要性。

1.2.2.2　水环境承载力研究进展

国外水环境承载力起源较早,在可持续发展的大环境下开展了水环境承载力的相关研究。国外的水环境承载力研究大多集中于关注水体自我净化能力,不考虑水环境和人类社会经济之间的联系。国外多用最大日负荷总量 TMDL 来表示该水体环境承载能力。最大日负荷总量计划最早是由美国国家环境保护局提出的,旨在通过适当的污染控制措施来保证目标水体达到相应的水质标准,让其恢复生态功能。此后,大量学者提出了相应模型来计算水体的最大日负荷总量,例如 AGNPS、AGWA、SWAT 模型等。Havens 等研究了佛罗里达州 Okeechobee 湖所能容纳的磷最大日负荷总量和水体内生态活动的关系,他们发现当水体里蓝藻细菌占绝大多数的时候,就会大大降低磷的同化能力,从而威胁水体健康。美国 URS 公司应用面数学模型方法对佛罗里达州 KEY 流域的社会经济以及生态承载力进行了研究分析。

相较于国外学者集中于研究水体自身对污染物的承载能力,国内的研究更加注重于广义水环境承载力的量化和实际运用。崔凤军利用系统动力学模型构建水环境承载指数来定量表征城市水环境承载力,并针对城市的不同发展策略给出相应的有利发展因素和不利限制因子。张浩然结合河南省水环境现状,利用层次分析法和向量模法对河南省水环境承载力状况进行了分析。徐志青等对南京市的水环境承载力进行了研究,明确了限制承载力提高的主要因素。樊庆锌等对大庆近年来的水环境承载能力进行了调查,其主要影响因素是水资源短缺以及水资源过度利用。贾紫牧等对湟水流域小峡桥断面上游的16 个子单元分别进行了水环境承载力分析,提出针对性的水环境承载力调控措施。程翔等通过流域水文模型成功模拟了漠阳江干流和支流的水环境承载力。

赵建世等以石羊河作为研究对象,建立了包含水量、水质的双重要素的水环境承载力模型。薛小妮等分别利用三层次分析方法和基于一维水质模拟的纳污能力模型计算了成都市不同水平年的水资源与水环境承载能力。左其亭等研究团队探究水资源承载力与其子系统的社会与经济发展、生态环境、自然资源之间的系统平衡,提出了和谐平衡承载概念。董徐艳等选取云南地区作为研究区,建立针对云南地区的水环境承载力评价体系。徐志青等对南京市近十年的承载力指数进行计算,利用模糊综合评价的数学模型,建立了南京地区的水环境承载力评价指标体系。查木哈等基于 DPSIR 模型选取 22 个指标对蒙古 2007—2016 年的水环境承载力进行评价。杨东明等基于协调可持续性发展的指导思想,对郑州市 2009—2018 年的承载状态进行了评价研究。朱靖等基于生态文明的观念从水生态保护与修复、水污染治理与控制、水资源开发利用和社会经济承载 4 个维度构建评价指标体系,对 2011—2017 年岷江、沱江流域 10 个主要地级市的水环境治理绩效进行动态评价。刘丹等在过去十几年的全国水环境数据基础上建立了水环境承载力超载预警模型,并将其应用于评价中。董晋明认为全国应该建立一套健全的水环境承载力预警系统,以便实现数据查询、决策分析等功能。

第 2 章　　水环境现状评估方法

2.1　水环境质量现状评估

结合地表水的监测资料和水质评价标准,对各水质监测断面进行现状评价;结合地下水的监测资料和水质评价标准,对地下水水质进行现状评价。

2.1.1　执行标准

河流、湖库水质评价采用《地表水环境质量标准》(GB 3838—2002)和环境功能区划水质目标进行评价。

2.1.2　数据统计方法

根据监测断面的属性,统计各监测断面各项污染物的年均浓度,按照年均值进行单因子水质类别判断;按照河流统计各项污染物的年均值浓度范围最高浓度值出现断面,统计辖区内所有断面各项污染物的年均值浓度范围、最高浓度值出现断面、年均值水质类别所占的百分数。

2.1.3　地表水环境质量评价方法

2.1.3.1　单项因子评价

按《地表水环境质量标准》(GB 3838—2002)对参与评价的因子进行评价,统计评价区(或河流)内每项评价因子各水质类别占总断面数的百分数。

2.1.3.2　综合评价

采用断面水质类别百分比法,对参与评价的各项因子,按照《地表水环境质量标准》(GB 3838—2002)进行水质类别判断,同一因子不同类别标准值相同时,从优不从劣。比较每一个因子的水质类别,取所有评价因子中的最大水质类别为该段面的水质类别。统计评价区(或河流)中各水质类别的断面数占河流所有评价断面总数的百分数,来表征评价河流的水质状况。

2.2　水环境污染物排放现状评估

结合工业污染源排放现状、重点行业污染物排放情况综合分析工业污染源排放情况;调查分析城镇生活污染源排放情况;根据畜禽养殖量现状、畜禽养殖业污染物排放现状综合分析畜禽养殖污染源排放情况。汇总工业污染源排放情况、城镇生活污染源排放情况和畜禽养殖污染源排放情况的数据,采用入河系数法估算主要污染源的污水入河量和对应污染物的入河量。

2.2.1　工业污水和污染物排放量

工业污水和污染物排放量采用排放系数法进行计算。本方法主要依据生产过程中的经验排放系数与产品产量,计算出污染物的排放量。计算公式如下:

$$Q_a = K_a W \qquad (2-1)$$
$$Q_b = K_b W \qquad (2-2)$$

式中　Q_a——某行业工业污水年排放量,t/a;

Q_b——某行业工业污染物年排放量,t/a;

K_a——某行业工业污水排放系数;

K_b——某行业工业污染物排放系数;

W——产品产量,t。

2.2.2　城镇生活污水和污染物排放量

城镇生活污水和污染物排放量采用排放系数法进行计算,计算公式如下:

$$Q_a = K_a W \times 365 \times 10^{-3} \qquad (2-3)$$
$$Q_b = K_b W \times 365 \times 10^{-6} \qquad (2-4)$$

式中　Q_a——城镇生活污水年排放量,t/a;

Q_b——城镇生活污染物年排放量,t/a;

K_a——城镇生活污水排放系数,L/(人·d);

K_b——城镇生活污染物排放系数,g/(人·d);

W——城镇人口数,人。

2.2.3　畜禽养殖污水和污染物排放量

畜禽养殖污水和污染物排放量采用排放系数法进行计算,计算公式如下:

$$Q_a = P_a N t \qquad (2-5)$$
$$Q_b = P_b N t \qquad (2-6)$$

式中　Q_a——畜禽养殖污水年排放量,t/a;

Q_b——畜禽养殖污染物年排放量,t/a;

N——畜禽养殖数量,头(只、羽);

t——畜禽养殖时间,d;

P_a——畜禽养殖污水日排放系数,t/[头(只、羽)·d];

P_b——畜禽养殖污染物日排放系数,t/[头(只、羽)·d]。

2.2.4　污水和污染物入河量

污水和污染物入河量采用入河系数法计算,计算公式如下:

$$R_a = q Q_a \qquad (2-7)$$
$$R_b = q Q_b \qquad (2-8)$$

式中　R_a——污染源污水入河量,t;

　　　R_b——污染源污染物入河量,t;

　　　q——污染源入河系数;

　　　Q_a——污染源污水产生量,t;

　　　Q_b——污染源污染物产生量,t。

第 3 章 水环境状况预测和趋势分析

3.1 社会经济发展主要参数预测

3.1.1 GDP 预测

根据规划基准年的 GDP 和相关规划确定的规划基准年到规划水平年的年均 GDP 增长率,运用增长率法预测规划水平年的 GDP,具体计算方法如下:

$$GDP_t = GDP_{t_0} \times (1 + r)^{t-t_0} \qquad (3\text{-}1)$$

式中 GDP_t——规划水平年的 GDP 值;

       GDP_{t_0}——规划基准年的 GDP 值;

       r——规划基准年到规划水平年的年均 GDP 增长率;

       t——规划水平年年份;

       t_0——规划基准年年份。

3.1.2 工业增加值预测

结合规划基准年的工业增加值和相关规划确定的规划基准年到规划水平年的年均工业增加值的增长率,运用增长率法预测规划水平年的 GDP,具体计算方法如下:

$$V_t = V_{t_0} \times (1 + a)^{t-t_0} \qquad (3\text{-}2)$$

式中 V_t——规划水平年的工业增加值;

       V_{t_0}——规划基准年的工业增加值;

       a——规划基准年到规划水平年的年均 GDP 增长率;

       t——规划水平年年份;

       t_0——规划基准年年份。

3.1.3 城镇人口预测

根据规划基准年的人口规模,相关规划确定的人口自然增长率、人口的机械增长量和规划水平年的城镇化水平预测规划水平年的城镇人口,具体计算方法如下:

$$N_t = N_{t_0} \times (1 + p)^{t-t_0} + \Delta N \qquad (3\text{-}3)$$

$$Q_t = qN_t \qquad (3\text{-}4)$$

式中 N_t——规划水平年的人口数量;

       N_{t_0}——规划基准年的人口数量;

       p——规划基准年到规划水平年的人口自然增长率;

ΔN——规划基准年到规划水平年人口的机械增长量；

Q_t——规划水平年的城镇人口数量；

q——规划水平年的城镇化率。

t——规划水平年年份；

t_0——规划基准年年份。

3.2　水环境状况预测

3.2.1　污染物排放趋势分析

根据污染物现状排放量,分别分析工业污水排放量和污染物排放量的变化趋势、城镇生活污水排放量和污染物排放量的变化趋势、畜禽养殖污水排放量和污染物排放量的变化趋势以及区域污水排放总量和污染物排放总量的变化趋势。根据区域污水排放总量和污染物排放总量,结合控制单元划分结果,分析主要河流的污水入河量和污染物入河量的变化趋势。根据趋势分析,对规划水平年污染物排放量进行预测。

3.2.2　污染物排放量预测

预测工业污水排放量和污染物排放量、城镇生活污水排放量和污染物排放量以及畜禽养殖数量和畜禽养殖污染源排放量。分类汇总工业、城镇和畜禽养殖污水排放量和污染物排放量的预测值,对区域污水排放总量和污染物排放总量进行预测。

3.2.2.1　工业污染物排放量预测

1. 工业污水排放量预测

根据规划基准年的工业生产发展规模和工业污水排放量确定的规划水平年工业污水排放强度,结合规划水平年工业增加值预测值,预测规划水平年工业污水排放量预测值,具体计算方法如下:

$$Q_{规划年,a} = K_{规划年,a} \times V_{规划年,t} \tag{3-5}$$

式中　$Q_{规划年,a}$——规划水平年工业污水排放量,t;

$K_{规划年,a}$——规划水平年工业污水排放强度,t/万元;

$V_{规划年,t}$——规划水平年的工业增加值,万元。

2. 工业 COD 排放量预测

1) 工业 COD 新增量预测

规划水平年工业 COD 新增量为规划基准年到规划水平年各年度工业 COD 新增量之和。采用单位 GDP 排放强度法测算,具体计算方法如下:

$$E_{工业COD} = \sum E_{i,工业COD} \tag{3-6}$$

$$E_{i,工业COD} = I_{i-1,COD} \times GDP_{i-1} \times r_{i,GDP} \tag{3-7}$$

$$I_{i-1,COD} = I_{基准年,COD} \times (1 - r_{COD})^{i-1} \tag{3-8}$$

式中　$E_{工业COD}$——规划基准年到规划水平年期间工业 COD 新增量,t;

$E_{i,\text{工业COD}}$——第 i 年工业 COD 新增量，t；

i——第 i 年，各规划水平年依次为 1，2，3，…；

$I_{i-1,\text{COD}}$——第 $i-1$ 年单位 GDP 工业 COD 排放强度，t/万元，以规划基准年单位 GDP 工业 COD 排放强度为基础，逐年等比例递减；

$I_{\text{基准年},\text{COD}}$——规划基准年单位 GDP 工业 COD 排放强度，t/万元；

GDP_{i-1}——第 $i-1$ 年 GDP，万元；

$r_{i,\text{GDP}}$——第 i 年扣除十个低 COD 排放行业工业增加值增量贡献率后的 GDP 增长率（%），计算公式如下：

$$r_{i,\text{GDP}} = \left(1 - \frac{\text{基准年低 COD 排放行业工业增加值增量}}{\text{基准年 GDP 增量}}\right) \times \text{当年 GDP 增长率} \quad (3\text{-}9)$$

r_{COD}——规划基准年到规划水平年期间单位 GDP 工业 COD 排放强度年均递减率（%）。

2）工业 COD 排放总量预测

$$Q_{\text{规划年},\text{工业COD}} = Q_{\text{基准年},\text{工业COD}} + E_{\text{工业COD}} \quad (3\text{-}10)$$

式中 $Q_{\text{规划年},\text{工业COD}}$——规划水平年工业 COD 排放总量，t；

$Q_{\text{基准年},\text{工业COD}}$——规划基准年工业 COD 排放总量，t；

$E_{\text{工业COD}}$——规划水平年期间工业 COD 新增量，t。

3．工业氨氮排放量预测

1）工业氨氮新增量预测

规划基准年到规划水平年期间工业氨氮新增量为规划水平年期间各年度重点行业氨氮新增量之和。原则上，新增量采用分年度排放强度和分年度工业增加值增量进行测算，具体计算方法如下：

$$E_{\text{工业氨氮}} = I_{\text{氨氮}} \times (V_{i\text{行业}} - V_{\text{基准年行业}}) \quad (3\text{-}11)$$

$$I_{\text{氨氮}} = (I_{\text{基准年},\text{氨氮}} + I_{i-1\text{氨氮}})/2 \quad (3\text{-}12)$$

$$I_{i\text{氨氮}} = I_{\text{基准年},\text{氨氮}} \times (1 - r_{\text{氨氮}})^{i-\text{基准年}} \quad (3\text{-}13)$$

式中 $E_{\text{工业氨氮}}$——规划基准年到各规划水平年期间工业氨氮新增量，t；

$I_{\text{基准年},\text{氨氮}}$——规划基准年重点行业的单位工业增加值氨氮排放强度，t/万元；

i——第 i 年，i 代表规划水平年；

$I_{i\text{氨氮}}$——第 i 年度重点行业的单位工业增加值氨氮排放强度；

$r_{\text{氨氮}}$——规划基准年到规划水平年期间重点行业的单位工业增加值氨氮排放强度年均递减率（%）。

2）工业氨氮排放总量预测

$$Q_{\text{规划年},\text{工业氨氮}} = Q_{\text{基准年},\text{工业氨氮}} + E_{\text{工业氨氮}} \quad (3\text{-}14)$$

式中 $Q_{\text{规划年},\text{工业氨氮}}$——规划水平年工业氨氮排放总量，t；

$Q_{\text{基准年},\text{工业氨氮}}$——规划基准年工业氨氮排放总量，t；

$E_{\text{工业氨氮}}$——规划水平年期间工业氨氮新增量，t。

3.2.2.2　城镇生活污染物排放量预测

1.城镇生活污水排放量预测

$$Q_a = K_a \times W \times 365 \times 10^{-3} \tag{3-15}$$

式中　Q_a——城镇生活污水排放量,t/a;

　　　K_a——城镇生活污水排放系数,L/(人·d);

　　　W——城镇人口数,人。

2.城镇生活 COD 和氨氮排放量预测

1)新增量预测

城镇生活 COD 和氨氮新增量预测采用综合产污系数法,具体计算方法如下:

$$E_{生活} = (P_{i人口} - P_{基准年人口})e_{综合} D \times 10^{-2} \tag{3-16}$$

式中　$E_{生活}$——规划基准年到规划水平年期间城镇生活污染物新增量,t;

　　　$e_{综合}$——人均 COD 和氨氮综合产污系数,g/(人·d);

　　　D——按 365 d 计。

2)排放量预测

规划水平年城镇生活 COD、氨氮排放总量为规划基准年城镇生活 COD、氨氮排放量与规划年期间城镇生活 COD、氨氮新增量之和。

$$Q_{规划年生活} = Q_{基准年生活} + E_{生活} \tag{3-17}$$

式中　$Q_{规划年生活}$——规划水平年城镇生活 COD、氨氮排放总量,t;

　　　$Q_{基准年生活}$——规划基准年城镇生活 COD、氨氮排放量,t;

　　　$E_{生活}$——规划基准年到规划水平年期间城镇生活 COD、氨氮新增量,t。

3.2.2.3　畜禽养殖污染物排放量预测

1.畜禽养殖数量预测

根据当地近几年畜禽养殖量的平均增长率、相关畜禽发展研究,以及国家畜禽养殖行业的相关规定确定畜禽养殖量平均增长率,运用增长率法预测规划水平年畜禽养殖数量,具体计算方法如下:

$$N_t = N_{t_0} \times (1 + \rho)^{t-t_0} \tag{3-18}$$

式中　N_t——规划水平年的畜禽养殖量,只(头);

　　　N_{t_0}——规划基准年的畜禽养殖量,只(头);

　　　ρ——规划基准年到规划水平年的年均畜禽养殖量增长率。

2.畜禽养殖污染排放量预测

1)排放量预测

根据畜禽养殖的存栏数和不同养殖种类的污染物产生系数,定量计算各乡镇畜禽养殖的粪便、尿产生量,主要污染物 COD、氨氮的排放量,具体计算方法如下:

$$Q_b = \sum_{i=1}^{n} NP_b t \tag{3-19}$$

式中　Q_b——规划年污染物产生量,t;

　　　i——畜禽养殖种类;

　　　n——畜禽养殖种类数;

P_b——畜禽养殖污染物日排放系数，t/[头（只、羽）·d]；

t——畜禽养殖时间，d。

2）新增量预测

畜禽养殖新增量预测方法如下：

$$E_{畜禽养殖} = Q_{规划年畜禽养殖} - Q_{基准年畜禽养殖} \tag{3-20}$$

式中　$E_{畜禽养殖}$——规划基准年到规划水平年期间畜禽养殖污染物新增量，t；

　　　$Q_{规划年畜禽养殖}$——规划水平年畜禽养殖污染物排放总量，t；

　　　$Q_{基准年畜禽养殖}$——规划基准年畜禽养殖污染物排放量，t。

第 4 章　控制单元划分方法

4.1　划分的内涵

控制单元由水域和陆域两部分组成,其中水域是根据水体的生态功能和水环境功能等,结合行政区划、水系特征等而划定的;陆域为排入水体所有污染源所处的空间范围。因此,控制单元使得复杂的流域系统性问题分解成相对独立的单元问题,通过解决各单元内水污染问题和处理好单元间关系,实现各单元的水质目标和流域水质目标,达到保护水体生态功能的目的。

4.2　划分要素

基于水环境质量管理控制单元划分的要素主要包括三个部分:汇水区域、污染源、水质目标。

汇水区域是流域水质目标管理的一个基本出发点,也是流域的水系和汇流特征。在控制单元内,仍需要坚持这一基本出发点,将影响控制单元的主控断面的汇流区作为控制单元的汇水区域。在人类活动频繁的区域,城市排水体系、运河等会改变自然汇水区的形状和面积,需要结合具体情况进行人工判定。

污染源是指汇流区域内所有能够影响控制单元水质目标的污染源,包括点源和非点源。污染源的相关信息主要包括污染源的主要类别、污染源结构以及污染源所处位置、污染物负荷、排放方式和规律、排放去向、污染源与入河排污口之间的空间关系等。此外,还包括污染源采取的治污技术、工艺水平等信息。

水质目标反映了水环境功能区的水质要求,确定了控制单元最终要实现的水质改善程度。水质目标的实现程度是通过控制断面的水质情况反映出来的,控制断面水质情况是水质目标管理实施效果进行监控和评估的依据。一个控制单元至少有一个控制断面,也可以有多个控制断面,各控制断面均可以分别追溯影响断面的污染源和汇水区域,但应有一个主控断面,可以反映所有影响控制断面水质的污染源,实现对控制单元总量监控与评估。

4.3　划分原则

控制单元划分的基本原则包括分水岭原则、行政区边界原则、清洁边界原则、水体类型隔离原则、等级性原则、便于管理原则。

4.3.1　分水岭原则

分水岭原则是指以流域或子流域界作为控制单元之间的隔离边界,控制单元内污染源负荷与其他控制单元没有交换,受纳水体中的污染物全部来自于控制单元。

4.3.2　行政区边界原则

行政区边界原则是指在划分时充分考虑到行政区边界,使得在数据统计分析、项目设计、公众参与、目标管理方案实施与监控等方面,便于管理,易于操作。

4.3.3　清洁边界原则

清洁边界原则主要用于处理区域内多个控制单元之间的关系。主要考虑区域内的水环境功能区划边界和例行监测断面分布,控制单元两端尽量均为高功能边界,即以水质目标较高的清洁水域作为控制单元之间的边界,便于进行独立规划,这样可不受上下游影响,也不会引起跨界纠纷。

4.3.4　水体类型隔离原则

水体类型隔离原则是将河流-湖泊、河流-水库、河流-河口的交界断面作为控制单元的边界,便于不同水体规划的衔接。

4.3.5　等级性原则

等级性原则是指控制单元可进一步细分为次级或多个次级控制单元。每一级控制单元都有其明确的控制目标、控制指标,以及可行的管理手段。但需注意的是,控制单元的尺度和资料条件应能够满足建立起污染物"产生量—排放—入河(湖、库)量—河流水质"之间的响应关系,能够实现水平衡、物质平衡计算,能够保证实现具体产业结构调整、行政管理、污染控制和生态保护措施的有效实施,能够保证多个控制单元水质目标管理支撑和综合流域水质目标管理。

4.3.6　便于管理原则

控制单元划分结果应有利于简化污染源管理,便于明确环境质量责任人。此外,在很多情况下,陆域控制单元之外的污染源通过管道或者其他途径将污染废水排放到本区域,或者本控制单元的污染物被输送到其他区域,在这种情况下,在控制单元划分过程中应予以考虑。

4.4　划分指标

控制单元划分主要考虑以下几类指标:

(1)自然地理指标:流域基本特征,包括流域范围、面积、河流长度,地形(DEM 数字高程),水文站分布等。

（2）水生态和水环境指标：流域水环境功能区划、水功能区划、水质控制断面分布。

（3）社会经济指标：行政区划、土地利用等。

4.5　划分方法

4.5.1　数据收集

获取区域基础地理信息数据，包括 DEM 数据、流域界限、行政区划、水生态功能分区图、水功能区划图、流域水质控制断面分布、水文站分布等。

4.5.2　数据的处理

运用 GIS 技术，对各种基础地理信息数据进行分析，获取区域内的流域界限、行政界线，并划分出子流域。

4.5.3　控制单元划分

根据控制单元划分原则，在保证行政区划完整性以及水系完整性的基础上，将行政区划图和子流域进行叠加。同时，根据流域的水文站点分布、污染源分布、水环境功能区划、水功能区划、社会经济发展状况等资料进行控制单元划分的微调：将相同行政区内执行相同水质目标的相邻控制单元进行合并，将相同行政区内执行不同水质目标的控制单元和不同行政区内执行相同水质目标的控制单元进行合理的再分配，尽可能做到控制单元不跨行政界线。

4.5.4　控制单元划分的论证

控制单元划分结果形成后，一般要经相关专家进行论证，并与流域水环境与水资源管理部门进行对接，根据专家意见和管理部门意见，对控制单元做进一步的微调，最终形成流域控制单元的划分。

4.5.5　控制单元命名

为了使控制单元的名称能够清楚地体现其所属的河流及其流经的地理位置，规划对控制单元的命名采用"××河××段（行政区）"的格式。

第 5 章　环境容量核定方法

水环境容量的核定是水污染物实施总量控制的依据,也是水环境管理的基础,对区域经济的可持续发展和水资源的可持续利用具有重要意义。

5.1　模型选择

水环境容量的计算是环境污染总量控制和水环境规划的重要环节和技术关键。只有了解和掌握水域的水环境容量,才能求得水域的容许纳污量,才能分配允许负荷总量和应削减量,实施总量控制。计算水环境容量所使用的方法乃是各类水质模型,再根据水质模型进行反推求得。

水质模型根据维数可分为零维、一维、二维和三维水质模型。若把湖库、海湾看成均匀混合或河流的径污比在 10~20 以上,不考虑降解时,就可以把问题简化为零维处理。若只需考虑一个方向上的浓度变化时,则用一维水质模型。在大型水域中,若考虑排污口混合区分布时,必须使用二维水质模型。

5.1.1　零维水质模型

污染物进入河流水体后,在污染物完全均匀混合断面上,污染物的指标无论是溶解态的、颗粒态的还是总浓度,其值均可按节点平衡原理来推求。节点平衡是指流入该断面或区域的水量(或物质量)总和与流出该断面或区域的水量(或物质量)总和相等。零维水质模型常见的表现形式为河流稀释模型。

对于单点源情况,根据节点平衡原理,河水、污水的稀释混合方程为:

$$Q_E C_E + Q_P C_P = (Q_E + Q_P) C \tag{5-1}$$

式中　Q_E——污水排水设计流量,m^3/s;

C_E——污水排放设计污染物浓度,mg/L。

Q_P——上游来水设计流量,m^3/s;

C_P——上游来水设计污染物浓度,mg/L;

C——完全混合后的污染物浓度,mg/L。

令式(5-1)中混合后的污染物浓度 C 等于水质标准 C_S,则河流零位问题单点源污水排放的允许纳污量 W_C 可以按式(5-2)计算:

$$W_C = 0.086\ 4 \times Q_E C_E = 0.086\ 4 \times [C_S(Q_P + Q_E) - Q_P C_P] \tag{5-2}$$

式中　W_C——河流允许纳污量,t/d。

由于污染源作用可以线性叠加,即多个污染源排放对控制点或控制断面的影响等于各个点源单独作用的总和。当上游有多个点源且排污口相距较近时,最上游排污口与控制断面之间河道的允许纳污量可以按下式计算:

$$W_C = 0.086\,4 \times \left[C_S \left(Q_P + \sum_{i=1}^{n} Q_{Ei} \right) - Q_P C_P \right] \tag{5-3}$$

式中　Q_{Ei}——第 i 个排污口的污水排放量,m³/s;

　　　n——排污口个数。

5.1.2　一维水质模型

如果污染物进入水体后,在一定范围内经过平流输移、纵向离散和横向混合后充分混合,或者根据水质管理的精度要求,允许不考虑混合过程。假定在排污口断面瞬时均匀混合,则不论水体属于江、河、湖、库任一类,均可按一维问题概化计算条件。

根据质量守恒原理,单一水质组分(假定为一级降解反应)的稳态方程为:

$$u_x \frac{\partial c}{\partial x} = M_x \frac{\partial^2 c}{\partial x^2} - K_c \tag{5-4}$$

在忽略离散作用时,式(5-4)简化为:

$$u \frac{\partial c}{\partial x} = - K_c \tag{5-5}$$

对式(5-5)沿河流纵向积分可得:

$$C = C_0 \mathrm{e}^{-Kx/u} = \frac{Q_E C_E + Q_P C_P}{Q_E + Q_P} \mathrm{e}^{-K \frac{x}{u}} \tag{5-6}$$

式中　u——河流平均流速,m/s;

　　　x——沿程距离,km;

　　　K——污染物降解系数,d⁻¹;

　　　C——沿程污染物浓度,mg/L;

　　　C_0——$x=0$ 处河段的水质浓度,即排入河流的污水与河水完全混合后污染物的浓度,mg/L。

对于可降解污染物,假定其降解速率符合一级反应动力学规律,若同时考虑河流水体的稀释作用和自净作用,排污口与控制断面之间河道的允许纳污量可按下面公式计算。

对于点源排放,令混合后水质浓度 C 等于水质标准 C_S,由式(5-7)可计算河流的允许纳污量:

$$W_C = 0.086\,4 \times Q_E C_E = 0.086\,4 \times \left\{ C_S (Q_P + Q_E) \exp \left[K \frac{x(t)}{86.4u} \right] - Q_P C_P \right\} \tag{5-7}$$

式中　W_C——允许纳污量,t/d;

　　　x——排污口到控制断面的距离,km;

　　　其他符号意义同前。

5.1.3　二维水质模型

当水中污染物浓度在一个方向上是均匀的,而在其余两个方向是变化的情况下,一维水质模型不适用,必须采用二维水质模型。河流二维对流扩散水质模型通常假定污染物浓度在水深方向是均匀的,而在纵向、横向是变化的,水质模型如下:

$$C(x,z) = \frac{m}{hu\sqrt{\pi E_y \dfrac{x}{u}}} \exp\left(-\frac{z^2 u}{4E_y x} - K\frac{x}{u}\right) \tag{5-8}$$

式中　$C(x,z)$——排污口对污染带内点(x,z)处浓度贡献值,mg/L;

　　　x——敏感点到排污口纵向距离,m;

　　　z——敏感点到排污口所在岸边的横向距离,m;

　　　m——河段入河排污口污染物排放速率,g/s;

　　　u——污染带内的纵向平均流速,m/s;

　　　E_y——横向扩散系数,m²/s;

　　　K——污染物降解系数,s⁻¹;

　　　π——圆周率。

对于点源排放,令混合后水质浓度C等于水质标准C_S,可计算河流的允许纳污量:

$$[w] = 86.4\exp\left(\frac{z^2 u}{4E_y x_1}\right)\left[C_S\exp\left(K\frac{x_1}{86.4u}\right) - C_0\exp\left(-K\frac{x_2}{86.4u}\right)\right]hu\sqrt{\pi E_y \frac{x_1}{1\,000u}}$$

$$\tag{5-9}$$

式中　x_1、x_2——排污口至上下游控制断面距离,km;

　　　C_0——上游来水中污染物浓度,mg/L。

5.2　参数推求

5.2.1　入河排污口概化

5.2.1.1　基本方法

根据《全国水环境容量核定技术指南》中的相关要求,入河排污口根据以下公式进行概化:

$$L = (Q_1 C_1 L_1 + Q_2 C_2 L_2 + \cdots + Q_n C_n L_n)/(Q_1 C_1 + Q_2 C_2 + \cdots + Q_n C_n) \tag{5-10}$$

式中　L——概化排污口距下游控制断面的距离,km;

　　　Q_n——第n个排污口某年废水排放量,m³/s;

　　　C_n——第n个排污口某年污染物排放浓度,mg/L;

　　　L_n——第n个排污口距离下游控制断面的距离,km。

5.2.1.2　概化思路

根据控制单元的划分情况,一般一个控制单元概化为一个入河排污口。对于控制单元内存在2条或2条以上河流的情况,根据河流的数量确定概化入河排污口的个数,即有几条河流就概化为几个入河排污口,每个排污口的污染物排放量根据河流所流经的行政区域来确定。

5.2.1.3　概化原则

入河排污口概化的原则如下:

（1）以控制单元内县区以上的污染源普查为基准,每个县区作为一个概化单元。

（2）县区年度废水排放量小于 1 000 万 t 概化到其他县区,每个虚拟的入河排污口年废水排放量大于 2 000 万 t。

（3）每个控制单元一般概化为 1~3 个入河排污口。

5.2.2　入河系数确定

点源污染物入河系数是指污染物自点源排放口经过一定途径输送后,至入河排污口时的入河量占污染源排放量的比例。入河系数可以采用理论计算和调查收集两种方法得到。

5.2.2.1　理论计算法

由入河污染物总量与污染物排放总量的比值得到,但是关键参数入河污染物总量没有数据资料可以收集。

5.2.2.2　调查收集法

根据《全国水环境容量核定技术指南》,入河排污口需要对应到水环境功能区,以便于陆域污染源和水环境质量相衔接。调查收集法入河系数确定方法如下。

1. 确定入河系数

依据企业排水口和城市污水处理厂排水口到入河排污口的距离（L）远近,确定入河系数。参考值如下：$L \leq 1$ km,入河系数取 1.0；$1 < L \leq 10$ km,入河系数取 0.9；$10 < L \leq 20$ km,入河系数取 0.8；$20 < L \leq 40$ km,入河系数取 0.7；$L > 40$ km,入河系数取 0.6。

2. 入河系数修正

1）渠道修正系数

通过未衬砌明渠入河,修正系数取 0.6 ~ 0.9；通过衬砌暗管入河,修正系数取 0.9 ~ 1.0。

2）温度修正系数

气温在 10 ℃ 以下时,入河系数乘以 0.95 ~ 1.0；气温在 10 ~ 30 ℃ 时,入河系数乘以 0.8 ~ 0.95；气温在 30 ℃ 以上时,入河系数乘以 0.7 ~ 0.8。

可以看出,根据《全国水环境容量核定技术指南》给出的参考值,污染源入河系数一般为 0.5 ~ 0.8,有的甚至高达 0.9。

调查收集法需要调查入河排污口的位置、排污方式等,采用现场调查结合排污渠道、气温修正方法得到,需要耗费大量的人力、物力和时间。

5.2.3　衰减系数确定

衰减系数的确定有多种方法,主要有资料收集法、公式计算法、水团追踪试验法。

（1）资料收集法：收集相关研究成果。

（2）公式计算法：由上下游控制断面的距离、河流流速、水质、流量、排污口位置、废水排放量、污染物排放浓度数据,根据水质模型确定。

（3）水团追踪试验法：由上下游控制断面的距离、河流流速、水温、排污口位置、废水排放量、污染物排放浓度、试验水质监测数据,根据水质模型确定。

由于入河排污口数据资料的缺乏,目前采用公式计算法和水团追踪试验法的制约因素较大,可采用资料收集法来确定衰减系数。

5.3 设计条件

根据已出现过的各种环境条件和污染条件,如水文、水温、流速、流量、水质、排污浓度和排污量等,考虑各种可预测到的未来变化范围,寻求最不利于控制污染的自然条件,并提出这种自然条件下的环境目标条件及其他约束条件。

设计条件的内容主要包括自然条件、排污条件、目标条件和约束条件等。时期、时段和保证率是建立这些条件必不可少的三要素。建立设计条件的过程是对污染源及水质目标这一输入、响应系统的分析过程,是对污染最严重时期、时段主要污染指标及相应污染源已有资料的匹配和精度水平的分析过程,也是对多年资料的统计参数和经验频率的分析过程。具体内容归纳如下:

(1)设计自然条件。主要包括设计水量、水温、流速、上游设计断面及其水质浓度、横向混合系数和纵向混合系数等。

(2)设计排污条件。主要包括设计排污流量、浓度、排放地点、排放方式和排放强度等。

(3)设计目标条件。主要包括设计污染控制因子、控制区段与断面、水质标准及达标率等。

(4)设计约束条件。包括与确定总量控制指标及控制方案有关的约束性因素,如经济投资约束条件、工业布局及城市规划约束条件等。

5.4 核定方法

5.4.1 核定方法选择

水环境容量的基本计算方法有两种,即总体达标计算法和控制断面达标计算法。

5.4.1.1 总体达标计算法

总体达标计算法的优点为:计算结果和污染源位置没有关系,人为影响小;计算简便,易操作。总体达标计算法的缺点为:计算结果值偏大,需进行不均匀系数值修正。

5.4.1.2 控制断面达标计算法

控制断面达标计算法的优点为:能够保证控制断面的水质达标,特别适合于饮用水水源地的保护,以及国控、省控、市控等重要水质控制断面水质达标的管理。控制断面达标计算法的缺点如下:

(1)要事先明确每个排污口的位置,在对未来污染源的把握上,一般不确定性因素较多,故这种方法在操作上有难度。

(2)当控制断面上游有多个排污口时,控制断面水质达标时的水环境容量值有多个解,使得该方法在操作上有难度。

（3）控制断面水质浓度正好达标，意味着控制断面至排污口这一段河道的水质均超标，与功能区水质管理稍有出入。

5.4.1.3　选取原则

水环境容量的基本计算方法选取原则为：对于重要控制断面，采用控制断面水质达标的方法进行水环境容量的计算；对于一般水体，采用总体水质达标的方法进行水环境容量的计算。

5.4.2　河流水环境容量分析系统

2004 年，为了配合全国水环境容量核定工作的开展，国家环境保护总局环境规划院开发了河流水环境容量分析系统软件，2008 年进行了更新。软件是在 Excel 的基础上用 VBA 开发的，具有很强的可操作性和可移植性。该软件能够应用零维、一维及二维水质模型分析预算河流水环境容量，预算对象主要是一个水环境功能区。若相邻的水环境功能区级别相同、衰减系数变化不大，也可将多个水环境功能区连成一条完整河流进行分析预算。

河流水环境容量分析系统软件的计算思路为：按照选择的水质模型，预算整个控制单元的沿程污染物浓度变化规律。若预算模拟结果超过该控制单元水质要求，则通过削减每一个排污口的排污量重新预算，直到预算结果满足水质标准要求为止。

第6章　水环境模拟模型容量核定方法

6.1　基于水环境模拟模型的容量计算方法

随着环境容量研究的不断深入,特别是水环境数学模型应用及计算机技术的不断进步,在地表水环境容量计算中所用的水环境数学模型从 Streeter-Phelps 简单模型发展到 SWAT、WASP、MIKE SHE 等大型综合模型软件,计算区域从河段、河流发展到河口、湖库、河网、流域,计算维数从一维发展到二维和三维,计算条件从稳态发展到动态。

6.1.1　基于水环境模型的解析公式法

本方法主要利用水环境模型可以模拟输出空间、时间更精细尺度上的水文水质结果的特点,建立研究区域模型,依据流域划分结果,获得河道长度等设计条件,利用实测资料验证河流水质模型,预测水体各断面的流量、流速和污染物浓度,再代入 5.1 节相应的解析公式来核算水环境容量。

优点:可操作性强,物理概念明确,计算简便,与水动力水质模型结合较好,计算结果较为客观。

缺点:需要大量数据支持,计算结果偏于保守。

6.1.2　基于水环境模型的模型试错法

模型试错法本质上同解析公式法类似,计算中仍需以水环境数学模型为工具。基于水质模拟模型,以水质目标为限定条件,通过大量反复试算,求得研究区的水环境容量。基本思路为:在河流的第一个区段的上断面投入大量的污染物,使该处水质达到水质标准的上限,则投入的污染物的量即为这一河段的环境容量;由于河水的流动和降解作用,当污染物流到下一控制断面时,污染物浓度已有所降低,在低于水质标准的某一水平(视降解程度而定)时又可以向水中投入一定的污染物,而不超出水质标准,这部分污染物的量可认为是第二个河段的环境容量;依此类推,最后将各河段环境容量求和即为总的环境容量。

优点:严格达标。

缺点:自动化程度低,试算过程过于烦琐,效率太低,假设排污随机性大。

6.1.3　基于水环境模型的系统最优化法

环境科学中所采用的系统最优化方法有线性规划、非线性规划、动态规划及随机规划等。水环境容量计算中所采用的主要是线性规划法和随机规划法。方法基本思路是:①基于水动力水质模型,建立所有河段污染物排放量和控制断面水质标准浓度之间的动态响应关系;②以污染物最大允许排放量为目标函数(或者基于其他条件建立目标函数),以各河段都满足规定水质目标为约束方程(或者增加其他约束条件);③运用最优化方法(如单纯形法、粒子群算法等),求解每一时刻各污染物水质浓度满足给定水质目标的最大污染负荷;④将所求区段内的各污染源允许排污负荷加和,即得相应区段内的水环境容量。

优点:自动化程度高,适用范围广。

缺点:计算过于复杂,易忽略公平、效率等问题,物理化学机制性不高,计算结果客观性尚需验证。

6.2　水环境容量核算常用模型

6.2.1　SWAT 模型

SWAT(soil and water assessment tool)是由美国农业部农业研究中心开发的流域尺度模型。模型开发的目的是在具有多种土壤、土地利用和管理条件的复杂流域,预测长期土地管理措施对水、泥沙和农业污染物的影响。SWAT 模型经历了不断的改进,很快便在水资源和水环境领域中得到广泛认可和普及。Bera 和 Borah 称之为在以农业和森林为主的流域具有连线模拟能力的最有前途的非点源污染物模拟模型。模型主要模块包括气候、水文、土壤温度和属性、植被生长、营养物、杀虫剂和土地管理等。

6.2.1.1　模型基本原理

SWAT 用于模拟地表水和地下水的水质和水量,长期预测土地管理措施对具有多种土壤、土地利用和管理条件的大面积复杂流域的水文、泥沙和农业化学物质产量的影响,主要含有水文过程子模型、土壤侵蚀子模型和污染负荷子模型。

水量平衡在 SWAT 流域模拟中十分重要,流域的水文模拟可以分为两个主要部分。第一部分为水文循环的陆地阶段,控制进入河道的水、泥沙和营养物质以及杀虫剂的量。第二部分为水文循环的河道演算阶段,可以定义为水和泥沙等在河道中运动至出口的过程。

1. 水文循环的陆地阶段

SWAT 模型水文循环的陆地阶段主要由以下部分组成:气候、水文、泥沙、作物生长、土壤温度、营养物、杀虫剂和农业管理。模拟的水文循环基于水量平衡方程为:

$$SW_t = SW_0 + \sum_{i=1}^{t} (R_{day} - Q_{surf} - E_a - W_{seep} - Q_{gw})_i \qquad (6\text{-}1)$$

式中　SW_t——土壤最终含水量,mm;

　　　SW_0——土壤前期含水量,mm;

　　　t——时间步长,d;

　　　R_{day}——第 i 天降水量,mm;

　　　Q_{surf}——第 i 天的地表径流,mm;

　　　E_a——第 i 天的蒸发量,mm;

W_{seep}——第 i 天存在于土壤剖面底层的渗透量和测流量,mm;

Q_{gw}——第 i 天地下水出流量,mm。

2. 水文循环的河道演算阶段

一旦 SWAT 模型确定了主河道的水量、泥沙量、营养物质和杀虫剂的负荷后,使用与 HYMO 相近的命令结构来演算通过流域河网的负荷。为了跟踪河道中的物质流动,SWAT 模型对河流和河床中的化学物质转化进行了模拟。

SWAT 模型水文循环的演算阶段分为主河道和水库两个部分。主河道的演算主要包括河道洪水演算、河道沉积演算、河道营养物质和杀虫剂演算等;水库演算主要包括水库水量平衡和演算、水库泥沙演算、水库营养物质和农业演算。

6.2.1.2　模型的特点

(1)基于物理过程。SWAT 模型不使用回归方程来描述输入变量和输出变量之间的关系,而是需要流域内天气、土壤属性、地形、植被和土地管理措施的特定信息,水流验算、泥沙输移、动植物生长和营养物质循环等相关物理过程都可以在 SWAT 模型中直接模拟。其优点是可以在无观测资料的流域进行模拟,不同输入数据(如管理措施的变化、气候和植被等)对水质或其他变量的相对影响可以进行定量化。

(2)输入数据易获取。虽然 SWAT 模型可以模拟十分专业化的过程,如细菌输移等,但是运行模型所需要的基本数据可以较为容易地从政府部门得到。

(3)运算效率高。大面积流域或者多种管理决策进行模拟时,不需要耗费过多的时间和资源。

(4)连续时间模拟,能够进行长期模拟。目前所需要解决的是有关污染物逐渐积累和对下游水体影响的问题,为了研究这类问题,有时模型需要输出几十年的结果文件。

(5)模型将流域划分为多个亚流域进行模拟。当流域不同面积的土地利用和土壤类型在属性上的差异足够影响水文过程时,在模拟中使用亚流域是非常有用的,将流域划分为亚流域,可以对流域内不同面积进行模拟。

6.2.2　EFDC 模型

EFDC(environmental fluid dynamics code)模型是作为模拟河流、湖泊、水库、河口、海洋和湿地等地表水系统的三维水质数学模型,由 Fortran 语言编制而成。最初是由威廉玛丽大学维吉尼亚海洋科学研究所开发的,是一个开放式的软件。此后,美国国家环境保护局(EPA)对 EFDC 模型进行了二次的开发。目前,EFDC 模型已经成为美国国家环境保护局最为推崇的模型之一,并广泛应用于各个大学、政府和环境咨询机构。在 80 多个模型的研究中获得了成功的应用,如水动力和水质模拟、沉积物模拟、电厂冷却水排放模拟、水库及其流域营养物质模拟预测、沼泽地大型湿地模拟等。

6.2.2.1　模型基本原理

EFDC 模型的计算方法和原理与美国陆军工程兵团的 Chesapeake 河口模型和 Blumberg-Mellor 模型有诸多相似的地方。EFDC 模型对非等密度流体运用三维、垂直静压力、自由表面、紊流平均的动量平衡方程。模型在水平方向采用正交曲线坐标和笛卡尔坐标系,垂直方向采用 sigma 坐标。输运方程结合了紊流长度、紊流动能、温度和盐度四种变量。针对溶解物和悬浮物,模型同时计算欧拉输运-地形变化方程。在满足质量守恒的条件下,EFDC 模型可以在浅水区域采用漫滩数值模拟。此外,模型还有许多流量控制的功能选项,例如输水管道、泄洪道和堰坝。

对于动量方程,在空间上 EFDC 采用 C 网格或交错网格,运用二阶精度的有限差分格式。水平扩散方程在时间方面运用显格式,在空间方面运用隐格式。水平输运方程采用 Blumberg-Mellor 模型的中心差分格式或者正定迎风差分格式。水平边界条件包括流入物质的浓度、迎风向物质的流出以及指定气候条件下的物质释放,热输运方程采用大气热交换模型。

6.2.2.2　模型的特点

EFDC 是一个多功能的水质模型,应用范围广且计算能力很强。它可以定量模拟环境特征、污染负荷与水质间的动态响应关系,具有水环境质量的情景预测能力,为流域的容量总量控制和工程评估提供技术支持;EFDC 具有通用性好、数值计算能力强、数据输出应用范围广等特点,尤其水动力模块的模拟精度已达到相当高的水平。同时,该模型对输入数据的要求也非常高,比如气象、地形、水质等数据。对底质行为、藻类活动规律等也要求有相当的认识才能使水质模拟的精度得到较大提高。

6.2.3　MIKE SHE 模型

1986 年,SHE 模型是由丹麦水利研究所、英国水文研究所和法国 SOGREAH 咨询公司联合研制,在 Freeze 等的探索性工作基础上发展而来的,是知名度最大、应用最广泛的分布式水文模型之一,它能够模拟水文循环的所有重要过程。模型将研究流域分成若干方格或矩形格。这些网格是模型最基本的计算单元,网格之间在进行模拟时通过不同的水分物理方程建立联系,采用有限元的方法解决地表水、地下水运动的数学模拟问题。

MIKE SHE 是进行大范围陆地水循环研究的工具,侧重地下水资源和地下水环境问题分析、规划和管理。软件主要包括一维非饱和带,二、三维饱水带水量模拟模型和对流弥散模型、水质模型(包括水文地球化学模型如吸附和解吸、生化反应过程,农作物生长模型与氮、磷循环专业模块)。MIKE SHE 还可以与 MIKE 11 模型耦合计算,并包含坡面流、蒸散发模型,模型运算采用不同时间步长技术。MIKE SHE 是目前世界上综合性和功能性最强、最优秀、应用范围最广的综合模型软件。

6.2.3.1　模型基本原理

由于流域下垫面和气候因素具有时空异质性,为了提高模拟的精度,MIKE SHE 通常将研究流域离散成若干网格,应用数值分析的方法建立相邻网格单元之间的时空关系,在平面上它把流域划分成许多正方形网格,这样便于处理模型参数、数据输入及水文响应的空间分布性;在垂直面上,则划分成几个水平层,以便处理不同层次的土壤水运动问题。网格划分视流域面积大小、下垫面的状况及要求模拟的精度而定。在 MIKE SHE 模型中一个流域被沿水平方向划分成一系列的相互联系单元,各自具有不同的物理参数;而在垂直方向又被划分成若干层,包括冠层、不饱和层和饱和层。它所反映的流域水文过程主要包括降水(含降雨和降雪)、蒸散发、含植物冠层截留、地表汇流、河道汇流、非饱壤中流和饱和地下径流等过程,每一个子过程分别进行计算建模。

6.2.3.2　模型的特点

MIKE SHE 模型功能上体现三维空间特性,包括陆地全部的水循环过程,同时对地下水资源和地下水环境问题分析、规划和管理是它的一大特色。它的具体应用范围囊括了流域或局部区域不饱和、饱和带(二、三维)地下水水资源计算,优化调度和规划,地表水、地下水的联合计算和调度,供水井井网优化、湿地的保护与恢复、生态保护,氮磷等常规污染组分、重金属、有害放射性物质迁移,甚至酸性水渗流等复杂问题的模拟、追踪和预报,地下水运动过程中的地球化学反应、生物化学反应的模拟分析及污染含水层水体功能的恢复与治理,农作物生长对水分和污染物质在非饱和带运移的影响等综合研究,而且可实现与 DHI 系列其他软件的联合运用,拓展性更好,应用范围非常广泛。

MIKE SHE 的应用领域和范围包括:环境影响评估、洪泛区研究、湿地的管理和修复、地表水和地下水的相互影响、地下水和地表水的连续使用、分析气候和土地利用对含水层的影响、使用动态补给和地表水边界进行含水层脆弱性测绘、使用数据收集整理系统 DAISY,对农业活动的影响进行研究,包括灌溉、排水以及养分和农药的管理等。对比其他分布式水文模型和软件,MIKE SHE 具有鲜明的特点和优势,具体表现为以下几点。

1. 高度灵活性

包括简单和高级过程描述,充分提高计算效率;灵活的模块结构,只需模拟必要的过程;轻松链接区域性和局部性的模型。

2. 通用性

可链接 ArcGIS 进行 GIS 高级应用;包括可代替过程描述,用于不同应用;包含一个与 MODFLOW 和 MODFLOW-HMS 的接口。

3. 简单操作性

MIKE SHE 带有一个新的先进的用户界面,可以进行链接原始数据而不是输入数据;包含一个动态数据树,可以精确浏览所有数据;带有自动的数据和模型验证程序;支持复杂输出,包括动画演示。

6.2.4　WASP 模型

WASP(water quality analysis simulation program)是由美国国家环境保护局环境研究实验室研发,应用范围广泛的水质模拟程序。是用来模拟常规污染物(包括溶解氧、生物耗氧量、营养物质以及海藻污染)和有毒污染物(包括有机化学物质、金属和沉积物)在水体中的迁移和转化规律,适用于河流一维不稳定流、湖泊和河口三维不稳定流的稳态和非稳态水质分析模拟程序。WASP 水质模型具有描述水质现状、提供特定位置水质预测和提供一般性水质预测三个方面的作用。

WASP 包括 DYNHYD 和 WASP 两个独立的计算程序,两个计算程序既可以联合运行,也可以独立运行。DYNHYD 是模拟水动力学的程序,WASP 是模拟水中各种污染物的运动与相互作用的程序。

6.2.4.1　模型基本原理

WASP 水质模块的基本方程是一个平移-扩散质量迁移方程,它能描述任一水质指标的时间与空间变化。在方程里除平移和扩散项外,还包括由生物、化学和物理作用引起的

源漏项。对于任一无限小的水体,水质指标 C 的质量平衡式为:

$$\frac{\partial C}{\partial t} = - \frac{\partial}{\partial x}(U_x C) - \frac{\partial}{\partial y}(U_y C) - \frac{\partial}{\partial z}(U_z C) + \frac{\partial}{\partial x}\left(E_x \frac{\partial C}{\partial x}\right) +$$

$$\frac{\partial}{\partial y}\left(E_y \frac{\partial C}{\partial y}\right) + \frac{\partial}{\partial z}\left(E_z \frac{\partial C}{\partial z}\right) + S_L + S_B + S_K \tag{6-2}$$

式中　C——水质指标浓度,mg/L;

　　　S_L——点源和非点源负荷,正为源、负为汇,g/($m^3 \cdot$ d);

　　　S_B——边界负荷,包括上游、下游、底部和大气环境,g/($m^3 \cdot$ d);

　　　S_K——动力转换项,g/($m^3 \cdot$ d);

　　　U_x, U_y, U_z——流速,m/s;

　　　E_x, E_y, E_z——河流纵向、横向、垂向的扩散系数,m^2/s。

6.2.4.2　模型的特点

WASP 的主要特点包括:

(1)基于 Windows 开发友好用户界面。

(2)包括能够转化生成 WASP 可识别的处理数据格式。

(3)具有高效的富营养化和有机污染物的处理模块。

(4)WASP 计算结果与实测的结果可直接进行曲线比较。

第 7 章　水环境承载力理论与评价方法

7.1　水环境承载力理论基础

水环境承载力理论基础包括可持续发展理论、二元水循环理论、系统动力学理论和短板理论。

7.1.1　可持续发展理论

可持续发展是建立在社会、人口、资源、环境之间协调和协同发展根基上的一种发展，其目的是既满足当代人的需要，又不对后代人满足其需要的能力构成危害的发展，以公平性、持续性、共同性为三大基本原则。可持续发展涉及可持续经济、可持续生态和可持续社会三方面的协调统一，要求人类在发展中讲究经济效率、关注生态和谐和追求社会公平，最终达到人的全面可持续发展，以促进社会的永续进步。可持续发展将环境问题与社会的发展、经济的发展、生态问题和资源的合理利用等问题统一结合在一起，组成了一个关于社会经济发展的全面性战略。可持续发展的实质就是要把经济的发展状况和生态环境平衡结合在一起，在发展的过程中保持高度的生态意识。

可持续发展的核心理论重点在于可持续，在针对水环境问题时，其理论可以认为是对水环境承载力的可持续利用，反之水环境承载力则是实现区域水环境可持续发展的关键。一定区域内的水环境承载力是有限的，人类的活动不会降低水环境的承载能力，但通过一定的手段可以提高区域的水环境承载力，用以保证区域的可持续发展。基于此，在判断区域水环境的可持续发展状况时，可以通过对其承载力的变化趋势分析来实现。简而言之，水环境承载力是可持续发展的判断依据，实现可持续发展是水环境承载力研究的最终目标。

7.1.2　二元水循环理论

水循环是对在经济社会系统中水资源的运动特性的描述，最初的采食经济阶段到农耕经济阶段是人类对自然水循环的利用阶段，随着人类经济社会的发展，人类逐渐介入自然水循环，早期的防洪治水工程是人类对天然水循环进行加工改造的标志性行为。而水循环中人工（或社会）水循环的概念是相对于自然水循环的概念而被提出的。水的循环性特点是在社会经济系统的运动过程与水的天然运动过程中所共同具有的特性。随着人类活动对环境的影响不断深入，水循环存在自然水循环系统和社会水循环系统两个部分，自然水循环系统包括地下水与地表水的蒸发下渗等过程，社会水循环系统包括人类的供水、用水、排水以及回归水等环节。由于水循环系统所具有"天然-人工"这一二元特性，水循环系统成为目前学者们研究的热点。自然与社会水循环的相互联系和相互影响，构成了水循环的整体。对于二元水循环的深入研究,能够更为准确地反映水循环的实际情况,为更好地解决水资源问题服务。

7.1.3　系统动力学理论

系统动力学出现于1956年,创始人为美国麻省理工学院的福瑞斯特教授。系统动力学是福瑞斯特教授为分析生产管理及库存管理等企业问题而提出的系统仿真方法,最初叫工业动态学,即为现在的系统动力学。系统动力学方法基于反馈控制理论,以计算机仿真技术为手段,一般用来研究复杂系统的定量方法。系统中各组成部分是以因果关系为基础的,这种关系决定了系统内部的运行规律。在对系统中所有组成部分的相互关系通过方程、参数等形式进行描述后,借助计算机模拟技术分析系统的动态行为,预测系统的发展趋势。与其他研究方法相比较,系统动力学方法具有"积木式"的灵活性特点,在对系统内部的因果反应进行描述时,是动态的,并且简便直观地反映出系统的行为,适用于分析处理复杂的社会经济问题,对于区域水环境承载力研究,把包括资源环境与社会经济在内的大量复杂因子作为一个整体,综合多方面因素考虑其相互关系,并且通过模拟,对区域的水环境承载力进行动态计算,从系统发展的观点出发,具有模型直观、分析速度快等优势。

7.1.4　短板理论

短板理论又称"木桶原理""水桶效应"。该理论由美国管理学家彼得提出:盛水的木桶是由许多块木板箍成的,盛水量也是由这些木板共同决定的。若其中一块木板很短,则盛水量就被短板所限制。这块短板就成了木桶盛水量的"限制因素"(或称"短板效应")。想要使木桶的盛水量增多,那么只有使其中的短板变长才能够实现。根据这一原理,短板理论还有两个推论:①只有组成木桶的所有木板的高度都基本一致时,水桶的盛水量才能达到最大化;②无论木桶的哪一块木板不够高度,那么水桶就不可能盛满水。

短板理论也就是哲学中经常所说的主要矛盾。只有明白事物的薄弱环节,抓住问题的关键所在,抓住问题的主要矛盾,才能抓住解决问题的关键,以获得最大限度的成功。日常生活中也是这个道理,克服"短板"的过程,其实就是找到事物发展过程中的关键薄弱环节,并加以克服,使事物更好地发展。

7.2　水环境承载力评价方法

7.2.1　系统动力学法

系统动力学法(system dynamics)是评价水环境承载力的较普遍方法,其优点在于能较好地反映各子系统之间以及子系统内部各要素之间的非线性反馈关系,并对多变量的复杂系统进行仿真模拟。应用系统动力学分析问题时,主要从系统内部结构入手,在了解系统内部各个模块之间的构成及功能后,通过微分方程以及微分方程组将系统内部的各个模块联系起来,建立各个模块之间的因果循环反馈机制。

在水环境承载力研究工作中,应用系统动力学将水资源、水污染、社会经济等其他子系统用微分方程组建立各个子系统之间的反馈机制,通过绘制水环境系统流图,利用各个子系统之间的相互关系模拟出不同的发展规划方案下水环境系统内的各个子系统以及指标变量的数值,然后利用建立的指标体系并结合相关评价模型和方法,便可得出不同规划方案下的区域水环境承载力。

7.2.2 指标体系法

指标体系法主要是利用选取的各项评价指标,并根据各项指标所代表的水环境承载力的某一特征的阈值和现状值,采用统计学中数值分析和统计方法计算得出承载力指数,并用该指数作为水环境健康状况的评价依据。该方法直接将水环境系统分解为各个指标,量化方法简单,操作性强,被众多学者使用。目前,向量模法、模糊综合评价法、主成分分析法以及层次分析法为指标体系法中常用的研究方法。

向量模法主要是将指标向量化,并利用 n 个指标构成的向量表示水环境承载力。假设某地区或流域具有 m 套城乡发展建设规划或存在该地区或流域 m 个时期的发展状况,则将该 m 套规划或状态中的 n 个指标的真实值通过数学方法归一化处理,处理后的指标向量的模即是对应规划或对应时期的水环境承载力指数。设某地区或流域的现有 m 套发展规划方案,其对应承载力为 $E_j(1,2,3,\cdots,m)$,将每套规划方案量化为 n 个指标向量,各指标向量的权重分别为 $W_j(1,2,3,\cdots,n)$,即可得到 $E_j = (E_{1j}, E_{2j}, E_{3j}, \cdots, E_{nj})$(其中 $j = 1,2,3,\cdots,m$),归一化后即可得:

$$|E_j| = \sqrt{\sum_{i=1}^{n} (W_i E_{ij})^2} \quad (j = 1,2,3,\cdots,m) \tag{7-1}$$

式中　　$|E_j|$——第 j 套发展方案对应的水环境承载力评价指数。

模糊综合评价法利用水环境承载力四大特征之一的模糊特征,在其评价过程中采用基于模糊数学的综合评价矩阵进行优化。设集合 $U = (u_1, u_2, u_3, \cdots, u_n)$ 和 $V = (v_1, v_2, v_3, \cdots, v_n)$ 为有限集合,其中 U 为各个评价指标集合,V 表示模糊评语集合,则模糊综合评价法为:

$$B = A \times R \tag{7-2}$$

式中　　A——模糊权向量;

　　　　B——有限集合 V 的模糊子集;

　　　　R——模糊关系矩阵,由各评价指标 u_n 与模糊评语集合 V 之间的隶属度 V_{ij} 组成。

通过计算各级隶属度,便可求得各个指标从整体角度而言对于模糊综合评语等级的隶属度向量。对所求得的隶属度向量中各个元素取最大值或最小值,即为基于隶属度所求得的最终评价结果。

主成分分析法主要是针对模糊综合评价法评价计算过程中容易遗失过多信息的缺点,将建立的指标体系中的各个评价指标作为变量处理,通过分析最初拟定的指标变量矩阵,确定对最终评价结果作用不大或对承载力量化影响较小的指标变量。将其筛选淘汰后,确定对水环境承载力大小起主要决定和支配作用的几个综合指标变量。通过将维度较高的指标变量系统进行最优简化,利用少数有效或效果较好的指标代替最初拟定的指标体系,这样不仅可以更加客观和有效地对各个指标进行赋权,避免研究人员的主观影响,同时通过简化评价矩阵,避免其他次成分指标变量的干扰,从而更加准确地进行评价和分析工作。

层次分析法诞生于美国,由著名运筹学专家托马斯·塞蒂于 20 世纪 70 年代初提出。其主要原理是根据某个问题的具体性质和期望实现的目标,将总的问题划分成不同要素,并根据各个要素之间的相互逻辑关系建立不同层次的结构。层次分析法是一种定量和定性结合的多准则决策方法,首先它利用人的主观思维构建一个层次结构模型,然后利用一些定量信息把思维过程客观量化,从而对复杂决策问题求解。

层次分析法应用具体步骤如下:

(1)构造层次分析结构。

按照"目标层-准则层-方案层"的模式将与水环境承载力相关的因素逐层分解,可以梳理得到问题的目的、中间环节以及具体解决方案。

(2)确定判断矩阵。

构造判断矩阵并计算最大特征值。根据因素之间两两比较相对于目标的重要程度来确定矩阵元素值,是进行相对重要度计算的判断依据。

(3)层次单排序及一致性检验。

计算因素相对于上一层次的权重,并检验在判断各指标重要性时,各判断之间是否协调一致。为保持判断思维的一致性,用 CR 的概念判断矩阵偏离一致性的程度。

(4)层次总排序一致性检验。

通过某一层次单排序的计算成果和上一层全部因素的权重计算结果,求解本层所有因素对于决策目标的权重值。

7.2.3　单目标、多目标最优化方法

目前,多目标模型最优化法在求解过程中使用频率较高的算法主要为契比雪夫算法,而 $Z-W$ 算法由于其融合了决策者对邻近点和 tradeoff 矢量意见,因此多用于权重迭代收敛时的多目标模型最优化求解。可以看出,在利用多目标模型最优化法求解时,最优方案的甄选对于最终结果的准确性和合理性起着至关重要的作用。经过众多学者的研究发现,采用情景分析法可以有效地筛选出备选方案,然后根据模型求解,便可得出更为准确合理的最优方案。

单目标模型最优化法主要是针对目标单向系统,该方法因为约束简单,目标单一,因此对比其他方法则更加简洁,计算量更少。

7.2.4　人工神经网络法

人工神经网络由国外心理学专家 McCulloch 联合数学家 Pitts 于 1943 年提出,其本质是在人类对生物脑部神经网络认识理解后,根据其特征人为构建的一种能够对输入指令进行仿真模拟并做出相应反应,实现某指定功能的神经网络。由于其优秀的多任务并行处理能力、自组织和自调节及自学习能力,一经提出便得到了海内外多个研究领域学者的关注,后经过不断地改良和优化后,人工神经网络已被众多学者和专家所采用。由于人工

神经网络较强的鲁棒性以及自我学习等能力,因此在水环境承载力评价工作中利用人工神经网络技术建立模型后,可以不用确定各个指标变量之间的具体相互关系,直接利用神经网络模型强大的自我学习能力,通过样本训练数据进行模型训练,实现参数的自我修正以及模型的自我优化。

7.2.5　承载率评价法

承载率评价法通过计算水环境承载率,来评价区域水环境承载力大小。水环境承载率是区域环境承载量(各要素指标的现实取值)与该区域环境承载量阈值(各要素指标上限值)的比值,即相对应的发展变量(人类活动强度,也可理解为人类活动给水系统带来的压力)与水环境承载力(水环境承载力各分量的上限值)的比值;环境承载量阈值可以是容易得到的理论最佳值或预期达到的目标值(标准值)。应用水环境承载率指标进行水环境承载力的评价,可以清晰地反映某地区水环境发展现状与理想值或目标值的差距,评价环境承载的压力现状。

7.2.5.1　各分量承载率

单要素环境承载率(I_k)的表达式为:

$$I_k = \frac{ECQ}{ECC} \tag{7-3}$$

式中　I_k——环境承载率;

　　　ECQ——当前环境承载量;

　　　ECC——环境承载力(阈值)。

依据水环境要素对人类生存与活动影响的重要程度,选用 COD 承载率、氨氮承载率、总磷承载率作为表征区域水环境承载力的指标,当前环境承载量即为各主要水污染物的实际排放量,环境承载力(阈值)则为各主要水污染物的可利用环境容量(最大允许排放量)。

7.2.5.2　综合水环境承载率

区域综合水环境承载率的计算采用内梅罗指数法,该方法克服了平均值法各要素分担的缺陷,兼顾了单要素污染指数平均值和最高值,可以突出超载最严重的要素的影响和作用,计算公式如下:

$$C = \sqrt{\frac{\left[\,MAX(I_k)\,\right]^2 + \left[\,AVE(I_k)\,\right]^2}{2}} \quad (k = 1, 2, \cdots, n) \tag{7-4}$$

式中　C——综合水环境承载率;

　　　I_k——第 k 个指标的水环境承载率。

当 $C>1$ 时,表示承载超负荷,或称为超载;当 $C<1$ 时,表示承载低负荷,或称为盈余。

考虑到不同区域的环境状况特征,将水环境承载率划分为 5 个状态,如表 7-1 所示。

表 7-1　水环境承载率等级划分

状态分级	承载率值区间	含义
强盈余	≤0.5	水环境负荷较低
弱盈余	(0.5,1]	水环境负荷相对较轻
弱超载	(1,1.5]	水环境负荷已超出临界值,处于环境弱超载状态
中超载	(1.5,2]	水环境负荷已处于环境中超载状态
强超载	>2	水环境负荷已处于环境强超载状态

7.2.6　水质时空达标率法

水环境承载力评价指标体系包括水质时间达标率和水质空间达标率两个评价指标,反映评价区域内水质在时间和空间尺度上的达标情况。水质达标情况参照《地表水环境质量标准》(GB 3838—2002)和《地表水环境质量评价办法(试行)》(环办〔2011〕22 号)中的单因子评价法进行评价。

参评断面(点位)水质目标以评价年水质考核目标为准。其中,国控断面(点位)水质目标以生态环境部与各省(区、市)人民政府签订的"水污染防治目标责任书"中评价年水质考核目标为准,省控和市控断面(点位)水质目标以当地生态环境主管部门所规定的评价年考核目标为准,其他未明确规定的断面(点位)水质目标参照受其影响最近的国控、省控或市控断面(点位)水质目标执行。

7.2.6.1　评价指标计算

水质时间达标率(A_1)计算公式如下:

$$A_1 = \frac{1}{n}\sum_{i=1}^{n} C_i, \quad C_i = \frac{断面\,Y\,点位达标次数}{评价年监测总次数} \times 100\% \tag{7-5}$$

式中　n——区域内断面(点位)个数;

　　　C_i——第 i 个断面(点位)水质时间达标率。

水质空间达标率(A_2)计算公式如下:

$$A_2 = \frac{达标断面(点位)\,数}{评价断面(点位)\,总数} \times 100\% \tag{7-6}$$

式中　达标断面(点位)——一年内不同时期水质监测数据的算术平均值不超过目标值的断面(点位),否则为不达标断面(点位)。

7.2.6.2　承载力指数计算

承载力指数计算公式如下:

$$R_c = \frac{A_1 + A_2}{2} \tag{7-7}$$

式中　R_c——水环境承载力指数;

　　　A_1——水质时间达标率;

　　　A_2——水质空间达标率。

7.2.6.3　承载状态判定

水环境承载力指数越大,表明区域水环境系统对社会经济系统支持能力越强。根据评价区域水环境承载力指数大小,将评价结果划分为超载、临界超载、未超载三种类型。当 $R_c<70\%$ 时,判定该区域为超载状态;当 $70\%\leqslant R_c<90\%$ 时,判定该区域为临界超载状态;当 $R_c\geqslant 90\%$ 时,判定该区域为未超载状态。

7.2.7　投影寻踪法

投影寻踪法在处理某些高维、非线性和非正态问题上具有显著优势。此方法对数据不做正态等任何假定,直接将高维数据通过某种组合投影到低维空间上,通过低维投影数据的分布结构来研究高维数据特征。投影寻踪法根据数据自身的信息和特征进行分析,将多元数据的信息简化为一个可以反映原始问题特征的综合信息指标,然后据此特征信息对水环境承载力进行综合评价。其优点是可直接由样本数据驱动来探索数据分析方法,自动生成指标权重,从而避免主观赋权的人为影响。

下篇 黄河流域水环境承载力评价

第 8 章　研究思路与方法

8.1　研究区域

　　河南省位于中国中东部,因大部分地区在黄河以南,故名"河南"。河南省又被称为中州、中原,简称"豫"。它位于黄河中下游,黄淮海平原的西南部,介于北纬 31°23′~36°22′、东经 110°21′~116°39′之间。黄河自陕西潼关进入河南省,西至灵宝市,东至台前县。河南省黄河流域主要包括黄河干流和伊洛河、沁河等重要支流,涉及 9 个省辖市和济源示范区共 51 个县(市、区),具体包括郑州、开封、洛阳、安阳、鹤壁、新乡、焦作、濮阳、三门峡和济源示范区。河道总长 711 km,流域面积 3.62 万 km²,介于北纬 34°46′~35°00′、东经 110°21′~113°30′之间,占黄河流域总面积的 5.1%,占河南省总面积的 21.7%。

　　这一区域是中部地区重要的生态屏障和经济地带,涉及郑州大都市区和洛阳副中心两大城市群,有 13 个县(市、区)属于国家农产品主产区。干流对维持流域生态完整性和结构稳定性具有重要作用。伊洛河流域上游是秦巴生物多样性生态功能区的重要组成,分布有众多土著鱼类及栖息地、重要湿地及自然保护区等生态敏感区。沁河流域流经沁阳、武陟等县(市),经济相对发达,流域经济社会发展与生态环境保护矛盾也较为突出。

8.2　研究思路

　　收集流域水文、水质、污染物排放、社会经济等数据资料,分析河南省黄河流域主要污染物排放量变化趋势,明确其在污染源结构、行业结构等方面的分布特征;分析河南省黄河流域水质变化趋势,确定重点水系与区域的水质特征影响因子。根据自然社会现状、水文水资源现状和水环境现状,合理选择水动力水质模型以及水质模型相关参数,构建河南省黄河流域水环境容量测算体系,并进行测算。以水环境容量为基础,结合区域经济社会发展分析,构建区域水环境承载力评估模型,并根据水环境承载力评估结果,解析水环境承载力面临的主要问题;根据河南省黄河流域水环境容量和水环境承载力评价结果,为区域总量控制与区域调控对策提供建议。

8.3　水环境容量核算方法

8.3.1　计算单元

　　以乡镇行政区为基本单元,建立河南省黄河流域"流域–控制区–控制单元"分区管理单元,在此基础上根据水质断面及水文站点分布、污染源分布、水文情势等确定环境容量计算的基本单元。

流域层面:保持河南省黄河流域完整性,维护流域水环境质量改善和水环境安全。

控制区层面:控制区划分以省辖市级行政区为主要依据,便于以行政区为单元落实国家及省水生态环境保护目标要求。

控制单元层面:兼顾行政区边界及污染物排放去向,考虑污染源–水体–断面之间的对应关系,划分控制单元。

8.3.1.1　控制断面确定

根据国家下达的河南省水生态环境考核监测断面及目标要求,确定河南省黄河流域"十四五"期间设置国家及省级地表水考核断面46个,其中省考断面11个。断面主要涉及郑州市、洛阳市、安阳市、新乡市、焦作市、濮阳市、三门峡市和济源示范区。

8.3.1.2　控制单元划分

根据"流域–控制区–控制单元"三级分区管理体系,依照控制单元划分方法,结合河南省黄河流域区域特征和流域水系特点,河南省黄河流域共划分45个控制单元,覆盖29条河流,涉及7个省辖市和济源示范区,控制单元划分结果见表8-1和附图1。

表 8-1　河南省黄河流域控制单元划分结果

序号	所属地市	控制断面名称	所在河流	控制单元名称
1	郑州	花园口	黄河	黄河郑州市花园口控制单元
2	郑州	七里铺	伊洛河	伊洛河郑州市七里铺控制单元
3	郑州	口子	汜水河	汜水河郑州市口子控制单元
4	洛阳	陆浑水库	陆浑水库	陆浑水库洛阳市陆浑水库控制单元
5	洛阳	洛宁长水	洛河	洛河洛阳市洛宁长水控制单元
6	洛阳	高崖寨	洛河	洛河洛阳市高崖寨控制单元
7	洛阳	白马寺	洛河	洛河洛阳市白马寺控制单元
8	洛阳	陶湾	伊河	伊河洛阳市陶湾控制单元
9	洛阳	潭头	伊河	伊河洛阳市潭头控制单元
10	洛阳	龙门大桥	伊河	伊河洛阳市龙门大桥控制单元
11	洛阳	岳滩	伊河	伊河洛阳市岳滩控制单元
12	洛阳	伊洛河汇合处	伊洛河	伊洛河洛阳市伊洛河汇合处控制单元
13	洛阳	故县水库	故县水库	故县水库洛阳市故县水库控制单元
14	洛阳	二道河入黄口	二道河	二道河洛阳市二道河入黄口控制单元
15	安阳	濮阳大韩桥	金堤河	金堤河安阳市濮阳大韩桥控制单元
16	新乡	滑县孔村桥	黄庄河	黄庄河新乡市滑县孔村桥控制单元
17	新乡	封丘陶北	天然渠	天然渠新乡市封丘陶北控制单元
18	新乡	瓦屋寨村	天然文岩渠	天然文岩渠新乡市瓦屋寨村控制单元

续表 8-1

序号	所属地市	控制断面名称	所在河流	控制单元名称
19	新乡	封丘王堤	文岩渠	文岩渠新乡市封丘王堤控制单元
20	新乡	黄塔桥	西柳青河	西柳青河新乡市黄塔桥控制单元
21	焦作	丹河沁阳市	丹河	丹河焦作市丹河沁阳市控制单元
22	焦作	武陟渠首	沁河	沁河焦作市武陟渠首控制单元
23	焦作	温县氾水滩	新蟒河	新蟒河焦作市温县氾水滩控制单元
24	焦作	孟州石井	滩区涝河	滩区涝河焦作市孟州石井控制单元
25	濮阳	刘庄	黄河	黄河濮阳市刘庄控制单元
26	濮阳	贾垓桥（张秋）	金堤河	金堤河濮阳市贾垓桥控制单元
27	濮阳	子路堤桥	金堤河	金堤河濮阳市子路堤桥控制单元
28	三门峡	西王村	好阳河	好阳河三门峡市西王村控制单元
29	三门峡	窄口长桥	宏农涧河	宏农涧河三门峡市窄口长桥控制单元
30	三门峡	灵宝坡头桥	宏农涧河	宏农涧河三门峡市坡头控制单元
31	三门峡	渑池吴庄	涧河	涧河三门峡市渑池吴庄控制单元
32	三门峡	洛河大桥	洛河	洛河三门峡市洛河大桥控制单元
33	三门峡	三门峡水库	三门峡水库	三门峡水库三门峡市三门峡水库控制单元
34	三门峡	三河口桥	双桥河	双桥河三门峡市三河口桥控制单元
35	三门峡	芦台桥	枣香河	枣香河三门峡市芦台桥控制单元
36	三门峡	张村桥	阳平河	阳平河三门峡市张村桥控制单元
37	济源示范区	王屋山水库	大峪河	大峪河济源示范区王屋山水库控制单元
38	济源示范区	小浪底水库	黄河	黄河济源示范区小浪底水库控制单元
39	济源示范区	西石露头	蟒河	蟒河济源示范区西石露头控制单元
40	济源示范区	五龙口	沁河	沁河济源示范区五龙口控制单元
41	济源示范区	沁阳伏背	沁河	沁河济源示范区沁阳伏背控制单元
42	济源示范区	南山	小浪底水库	小浪底水库济源示范区南山控制单元
43	济源示范区	大横岭	小浪底水库	小浪底水库济源示范区大横岭控制单元
44	济源示范区	孟州还封村（济源南官庄）	蟒河	蟒河济源示范区孟州还封村控制单元
45	济源示范区	沁阳西宜作	济河	济河济源示范区沁阳西宜作控制单元

8.3.1.3　计算单元确定

根据控制单元划分结果、河流水质及水文监测断面分布情况,针对黄河流域干流及支流污染物排放、水系特征等,根据以下计算单元筛选原则,确定允许纳污的区域环境容量计算单元。

(1)黄河干流的水环境容量计算原则。

习近平总书记在视察黄河时指出,"治理黄河,重在保护,要在治理"。河南省辖黄河干流下游是重要的饮用水源地,按照饮用水水源保护区水环境容量计算原则确定。对于位于河南省辖黄河流域上游的三门峡市区、陕县、洛阳市、孟津县等,在污水达标排放的情况下,将其现状污染物入河量视为其水环境容量,其余河段不再计算环境容量。

(2)饮用水水源地保护区的水环境容量计算原则。

《中华人民共和国水法》规定,禁止在饮用水水源保护区内设置排污口,因此饮用水水源地保护区不进行环境容量核算。对于为饮用水源地的湖库,如陆浑水库、故县水库等不计算环境容量,仅对湖库上游河段核定环境容量。

(3)源头水保护区的水环境容量计算原则。

依据《中华人民共和国水法》《水功能区监督管理办法》等,为保护源头水保护区功能禁止排污,因此流域内伊河源头水、宏农涧河源头水等河段均不纳入计算环境容量范围内。

(4)季节性河流的水环境容量计算原则。

河南省辖黄河流域存在部分季节性断流河流,因缺乏天然径流量,不具备纳污能力,将不予计算其容量。通过分析近年河流水质、水文数据,黄河流域西柳青河、丹河、天然文岩渠等长时间处于断流干涸状态,可视为季节性河流,不纳入计算环境容量范围内。

参照以上原则,结合控制单元划分情况,河南省辖黄河流域筛选出需计算水环境容量的控制单元34个,具体筛选结果见表8-2。

表 8-2　河南省辖黄河流域水环境容量控制单元

序号	地市名称	县(市、区)	河流名称	控制单元名称
1	郑州	巩义	伊洛河	伊洛河郑州市七里铺控制单元
2	郑州	荥阳	汜水河	汜水河郑州市口子控制单元
3	洛阳	嵩县	陆浑水库	陆浑水库洛阳市陆浑水库控制单元
4	洛阳	洛宁县	故县水库	故县水库洛阳市故县水库控制单元
5	洛阳	栾川县	伊河	伊河洛阳市潭头控制单元
6	洛阳	洛宁县	洛河	洛河洛阳市洛宁长水控制单元
7	洛阳	偃师市	伊河	伊河洛阳市岳滩控制单元
8	洛阳	伊川县	伊河	伊河洛阳市龙门大桥控制单元
9	洛阳	高新区	洛河	洛河洛阳市高崖寨控制单元
10	洛阳	偃师市	洛河	洛河洛阳市白马寺控制单元
11	洛阳	偃师市	伊洛河	伊洛河洛阳市伊洛河汇合处控制单元
12	洛阳	吉利区	二道河	二道河洛阳市二道河入黄口控制单元
13	安阳	滑县	金堤河	金堤河安阳市濮阳大韩桥控制单元

续表 8-2

序号	地市名称	县(市、区)	河流名称	控制单元名称
14	新乡	封丘县	文岩渠	文岩渠新乡市封丘王堤控制单元
15	新乡	封丘县	天然渠	天然渠新乡市封丘陶北控制单元
16	新乡	长垣县	黄庄河	黄庄河新乡市滑县孔村桥控制单元
17	焦作	温县	新蟒河	新蟒河焦作市温县氾水滩控制单元
18	焦作	武陟县	沁河	沁河焦作市武陟渠首控制单元
19	焦作	孟州	滩区涝河	滩区涝河焦作市孟州石井控制单元
20	濮阳	台前县	金堤河	金堤河濮阳市贾垓桥控制单元
21	濮阳	范县	金堤河	金堤河濮阳市子路堤控制单元
22	三门峡	三门峡	好阳河	好阳河三门峡市西王村控制单元
23	三门峡	灵宝市	文峪河	文峪河三门峡市三河口桥控制单元
24	三门峡	灵宝市	枣香河	枣香河三门峡市芦台桥控制单元
25	三门峡	灵宝市	阳平河	阳平河三门峡市张村桥控制单元
26	三门峡	灵宝市	宏农涧河	宏农涧河三门峡市坡头控制单元
27	三门峡	义马市	涧河	涧河三门峡市渑池吴庄控制单元
28	三门峡	卢氏县	洛河	洛河三门峡市洛河大桥控制单元
29	济源示范区	济源示范区	大峪河	大峪河济源示范区王屋山水库控制单元
30	济源示范区	济源示范区	沁河	沁河济源示范区沁阳伏背控制单元
31	济源示范区	济源示范区	蟒河	蟒河济源示范区西石露头控制单元
32	济源示范区	济源示范区	沁河	沁河济源示范区五龙口控制单元
33	济源示范区	济源示范区	蟒河	蟒河济源示范区孟州还封村控制单元
34	济源示范区	济源示范区	济河	济河济源示范区沁阳西宜作控制单元

8.3.2　设计条件

8.3.2.1　设计自然条件

设计自然条件主要包括设计流量、设计流速、初始断面背景浓度、综合衰减系数确定和验证等。

1. 设计流量

根据《全国水环境容量核定技术指南》，结合河南省黄河流域河流水文变化特点和管理需求，对于有长系列水文资料的河段选择 2002—2020 年的 19 年平均流量为设计流量[濮阳、范县(二)、济源、窄口、朱付村、大车集 6 个水文站实测流量数据为 1998—2017 年 20 年间的实测数据]，分情景以多年平均年径流量及计算年限内丰水年、平水年、枯水年内每个月的水环境容量分别进行计算。不同水文年年内流量分配对有实测水文资料的河段采用实测流量,对本河段无水文资料的河段结合相邻河段(有实测资料)每个月流量占年内总流量的比例确定,或者按照其所属控制单元年内流量分配比例确定。若某计算情境下,水文站实测流量为零,则采用90%保证率下的流量作为设计流量。

对于无实测资料,但相邻河段有水文资料的河段,采用降雨径流系数法与上下游水文数据结合的方法计算河段设计流量;相邻河段均无水文资料的河段,采用降雨径流系数法结合上游来水流量确定设计流量,具体计算见式(8-1)。

$$Q = 1\,000CPF \tag{8-1}$$

式中　Q——径流量,m^3;

　　　C——年径流系数;

　　　P——降水量,mm;

　　　F——控制单元面积,km^2。

2. 设计流速

河流的设计流速为对应设计流量条件下的流速,多数情况都采用水文监测数据或实测数据。

(1)可以采用实测数据,但需要转化为设计条件下的流速。

$$v = Q/A \tag{8-2}$$

式中　v——设计流量条件下的流速,m/s;

　　　Q——设计流量,m^3/s;

　　　A——河段横断面面积,m^2。

(2)对于无实测资料的地区,可借用同河流上下游或同水系有实测水文监测数据的其他河流断面的流量-流速关系经验公式进行推算:

$$U = \alpha Q^{\beta} \tag{8-3}$$

式中　U——设计流速;

　　　Q——设计流量;

　　　α、β——待定经验系数。

即利用其他河段已有设计流量和设计流速数据计算出待定经验系数,代入式(8-2)求出该控制单元内的设计流速。

本书中设计流速的确定主要采用河南省水文站历年设计流量对应的流速数据。对于无水文站的河段,利用经验公式推算设计流速。

3. 初始断面背景浓度

根据上游紧邻控制单元的水质目标浓度值来确定初始断面背景浓度(C_0),即上一个控制单元的水质目标值是下一个单元的初始浓度值。计算区间是源头时,根据本河段水质现状与功能区划目标综合确定初始断面背景浓度。

4. 综合衰减系数确定和验证

综合衰减系数 K 反映了污染物的生物降解、沉降和其他物化过程,受流域水文特征、自然条件、水体污染程度、流速、气温等多种因素的影响,不同流域差异较大。目前常用的确定综合衰减系数 K 的方法包括资料收集法、经验公式法和水团追踪试验法等。

本书采用资料收集法确定综合衰减系数。黄河流域综合衰减系数研究成果如下。

（1）《全国水环境容量核定技术指南》：黄河流域 BOD$_5$ 降解系数为 0.1~1.0/d，根据相关研究结果，COD$_{Cr}$ 降解系数比 BOD$_5$ 要小，为 BOD$_5$ 降解系数的 60%~70%，据此推算，黄河流域 COD$_{Cr}$ 降解系数在 0.06~0.7/d。

（2）河南大学（陈沛云）：黄河干流河南段：潼关水文站—三门峡大坝 COD 的降解系数取值范围为 0.20~0.25/d，氨氮降解系数的取值范围为 0.18~0.22/d；三门峡大坝—小浪底大坝 COD 的降解系数取值为 0.11/d，氨氮降解系数的取值为 0.10/d；小浪底大坝—东坝头 COD 的降解系数取值范围为 0.11~0.20/d，氨氮降解系数的取值为 0.10~0.18/d；东坝头—张庄闸 COD 的降解系数取值为 0.11/d，氨氮降解系数的取值为 0.10/d。

（3）《河南省水环境容量研究》：采用资料收集法确定综合衰减系数，其中主要地表水责任目标考核断面中 COD 衰减系数取值范围为 0.1~0.25/d、氨氮衰减系数取值范围为 0.08~0.25/d。

以《全国水环境容量核定技术指南》为主，结合河南省黄河流域相关研究成果，确定省辖黄河流域各计算单元 COD、氨氮和总磷的衰减系数。

选取河南省黄河流域掌握实测数据较为充足的河流，利用一维水质模型式（5-6），核对所定河段流量、衰减系数是否合理。

$$C = \left[C_0 Q_0 \exp(-kx_1/86\,400u) + C_P Q_P \right] / (Q_0 + Q_P) \exp(-kx_2/86\,400u) \qquad (8\text{-}4)$$

式中　C——下断面水质浓度，mg/L；

　　　C_0——初始断面背景浓度；

　　　Q_0——上游来水设计流量，m^3/s；

　　　Q_P——入河污水流量，m^3/s；

　　　k——污染物综合衰减系数，d^{-1}；

　　　x_1——排污口距上断面的距离，m；

　　　u——河流流速，m/s；

　　　x_2——排污口距下断面的距离，m；

　　　C_P——入河污水污染物浓度，mg/L。

将实测水质、水量、流速及所确定的衰减系数和排污口概化距离代入式（8-4），根据模拟下断面水质浓度与实测数据对比，核定所选参数和合理性，若差距较大，则重新调整参数。

8.3.2.2　设计排污条件

设计排污条件主要包括设计排放方式、排放量、排污口概化等。

1.排放方式

污染源包括工业源、城镇生活源、农业农村源（农村生活源、规模化畜禽养殖场、种植业等）。

对于具有点源排放特征的工业源、城镇生活源、规模化畜禽养殖场等，在污染源概化时按照集中排放的方式进行概化。

对于具有非点源排放特征的农村生活源、规模以下畜禽养殖场、种植业等，在污染源概化时按照分布式方式进行概化。

2.排放量

污染物排放量数据按照实际排放状况进行计算。

3. 排污口概化

根据《全国水环境容量核定技术指南》中的要求,结合掌握的黄河流域河南段入河排污口资料,对于污水排放量较大的入河排污口,如城镇污水处理厂、工业点源等,作为独立的排污口处理;同时,对于同一计算单元内相邻的若干个排污口,简化为一个集中的排污口处理。对于具有非点源排放特征的农村生活源等,则按照均匀分布的方式就近分配至主要入河排污口。

本书中入河排污口概化采用重心概化的方法:

$$X = (Q_1 \times C_1 \times X_1 + Q_2 \times C_2 \times X_2 + \cdots + Q_n \times C_n \times X_n)/(Q_1 \times C_1 + Q_2 \times C_2 + \cdots + Q_n \times C_n)$$

$$(8\text{-}5)$$

式中　　X——概化的排污口到功能区划下断面或控制断面的距离,m;

　　　　Q_n——第 n 个排污口(支流口)的水量,m³/s;

　　　　X_n——第 n 个排污口(支流口)到功能区划下断面的距离,m;

　　　　C_n——第 n 个排污口(支流口)的污染物浓度,mg/L。

8.3.2.3　设计目标条件

设计目标条件主要包括设计污染控制因子、水质控制目标及达标率等。

1. 污染控制因子

根据黄河流域水环境质量状况,结合环境管理的需求,并考虑数据的可获取性等,确定环境容量计算主要污染控制因子为化学需氧量、氨氮、总磷。

2. 水质控制目标及达标率

本书中黄河流域干流及主要支流水环境容量核算按国、省控制断面水质考核要求达到的限值为水质目标。

其中,2025 年水质目标根据黄河流域"十四五"国、省控制断面考核目标作为水质目标,2035 年水质目标根据河南省黄河流域水质状况、水功能区划目标要求,按照"水环境质量不退化"的原则确定。

8.3.2.4　设计约束条件

设计约束条件包括与确定总量控制指标及控制方案有关的约束性因素,如经济投资约束条件、工业布局及城市规划约束条件等。

8.3.3　计算情景设定

依据环境容量计算的设计条件不同来设置环境容量计算的情景。不同水文条件、水质目标条件下分别设定不同的计算情景,具体见表 8-3。

表 8-3　环境容量计算情景设定

情景类型	设计流量	设计流速	水质目标
情景 1	2002—2020 年,19 年平均月流量	2002—2020 年月平均流速	2025 年水质目标
			2035 年水质目标
情景 2	2002—2020 年,丰水年内月流量	2002—2020 年,丰水年内月平均流速	2025 年水质目标
			2035 年水质目标

续表 8-3

情景类型	设计流量	设计流速	水质目标
情景 3	2002—2020 年, 平水年内月流量	2002—2020 年, 平水年内月平均流速	2025 年水质目标
			2035 年水质目标
情景 4	2002—2020 年, 枯水年内月流量	2002—2020 年, 枯水年内月平均流速	2025 年水质目标
			2035 年水质目标

8.3.4　水环境容量计算模型

通过对水环境容量计算模型优缺点及适用条件的分析,结合河南省黄河流域的实际情况,本次计算以一维模型为主,采用解析公式法进行计算,对于重点河流伊洛河采用 SWAT 模型开展环境容量的精细化计算。

8.3.4.1　河流计算模型

一维水质模型主要适用于 $Q<150$ m³/s 的中小型河流。假定污染物浓度仅在河流纵向上发生变化,且河流同时满足以下条件时可选取一维水质模型:①宽浅河流;②污染物在较短时间内基本能混合均匀;③污染物浓度在断面横向变化不大,横向和垂向的污染物浓度梯度可以忽略;④当河长大于混合过程段长度 L。L 的计算公式为:

$$L = \frac{(0.4B - 0.6a)Bu}{(0.058H + 0.006\,5B)u} \tag{8-6}$$

$$u = \sqrt{gHJ} \tag{8-7}$$

式中　B——河流宽度,m;

　　　a——排放口距岸边的距离,m;

　　　u——河流断面平均流速,m/s;

　　　H——平均水深,m;

　　　g——重力加速度;

　　　J——河流坡度。

一维计算模型:

$$W = \left[C_{\mathrm{S}} \exp\left(\frac{kx}{86\,400u} \right) - C_0 \right] \times (Q_0 + Q_{\mathrm{P}}) \times 31.536 \tag{8-8}$$

式中　W——水环境容量,t/a;

　　　k——污染物综合衰减系数,d⁻¹;

　　　x——排污口距下断面的距离,m;

　　　Q_0——上游来水设计流量,m³/s;

　　　Q_{P}——入河污水流量,m³/s;

　　　C_{S}——控制断面水质标准,mg/L;

　　　C_0——控制单元初始浓度,mg/L;

　　　u——河流流速,m/s。

8.3.4.2　湖库计算模型

湖库零维模型适用于污染物均匀混合的小型湖库,其计算模型如下:

$$W = (QC_s + kC_s V/86\,400) \times 31.536 \tag{8-9}$$

式中　Q——平衡时流入与流出湖泊的流量,m^3/s;

　　　V——湖泊中水的体积,m^3;

　　　其余符号含义同前。

河南省黄河流域内诸多河流多年平均流量均较小,其中主要支流洛河、伊河、沁河、金堤河、宏农涧河、蟒河多年平均径流量分别为 19.15 m^3/s、10 m^3/s、49.5 m^3/s、7.86 m^3/s、8.23 m^3/s、2.93 m^3/s,且径流水深较浅,包括其余中小型河流,均可采用一维水质模型计算水环境容量。

8.4　水环境承载力评价方法

8.4.1　基于水环境容量的水环境承载率评价方法

详见 7.2.5。

8.4.1.1　各分量承载率

详见 7.2.5.1。

8.4.1.2　综合水环境承载率

详见 7.2.5.2。

8.4.2　基于水质时空达标率的水环境承载力指数评价方法

依据《关于开展水环境承载力评价工作的通知》(环办水体函〔2020〕538 号)中附件《水环境承载力评价方法(试行)》进行评价。

水环境承载力评价指标体系包括水质时间达标率和水质空间达标率两个评价指标,反映评价区域内水质在时间和空间尺度上的达标情况。水质达标情况参照《地表水环境质量标准》(GB 3838—2002)和《地表水环境质量评价办法(试行)》(环办〔2011〕22 号)中的单因子评价法进行评价。参评断面(点位)水质目标以"十四五"水质考核目标(2025年目标)为准。

8.4.2.1　评价指标计算

详见 7.2.6.1。

8.4.2.2　承载力指数计算

详见 7.2.6.2。

8.4.2.3　承载状态判定

详见 7.2.6.3。

第9章 河南省黄河流域概况

9.1 自然环境

9.1.1 地理位置

详见8.1。

9.1.2 地形地貌概况

河南省地质条件复杂,地层系统齐全,构造形态多样,是我国地质条件较为优越的省区之一。河南省地形地貌特点为:地势西高东低、东西差异明显,地表形态复杂多样,山地、丘陵、平原、盆地等地貌类型齐全。这样的特点使河南省境内较大河流多发源于豫西山地地区。豫西山地由崤山、熊耳山、外方山和伏牛山组成,大部分地区海拔在1 000 m以上。熊耳山和外方山向东分散为海拔600~1 000 m的丘陵地带;伏牛山和嵩山分别是黄河流域与长江流域和淮河流域的分水岭;太行山位于黄土高原与华北平原之间,最高岭脊海拔1 500~2 000 m,是黄河流域与海河流域的分水岭,也是华北地区一条重要的自然地理界线。

河南省黄河流域位于我国第二阶梯和第三阶梯的过渡地区。河南省黄河段包括豫西山地至花园口以下的平原沙土区,也是黄土高原向黄淮海平原的过渡带。豫西山地沿黄沟壑及河道大部分是直接入黄的一级沟道,其复杂的地形特征、特殊的地理位置和气候条件及较多的人口分布,使该区域成为全国水土流失较为严重的地区之一,水土流失面积占总土地面积的60%以上。

9.1.3 植被土壤概况

河南省黄河流域森林覆盖率约为29.57%。过渡性的气候特点、复杂多样的地形地貌孕育了南北兼容、丰富多样的植被类型。流域内混交林面积占流域森林总面积的54%,落叶阔叶林占森林总面积的41%,其余5%由常绿针叶林、常绿阔叶林和落叶针叶林组成。

河南省黄河流域土壤类型复杂多样,有自然土壤、农业土壤、水田土壤与旱地土壤等。根据20世纪80年代全国第二次土壤普查数据及其分类原则对流域内的土壤进行分类,共分为8类,分别是褐土、潮土、水稻土、棕壤土、红黏土、紫色土、石质土和粗骨土;划分到亚类共有31类,有褐土、淋溶褐土、石灰性褐土、潮褐土、褐土性土、小两合土、沙土、两合土、淤土、灌淤潮土、湿潮土、脱潮土、盐化潮土、砂姜黑土、潜育型水稻土、棕壤土、白浆化棕壤土、棕壤性土、红黏土、积钙红黏土、新积土、草甸风沙土、中性紫色土、石灰性紫色土、中性石质土、钙质石质土、中性粗骨土、钙质粗骨土、硅质粗骨土、草甸碱土和草甸盐土等。

9.1.4　土地利用概况

河南省黄河流域总面积为 3.62 万 km²。其中,耕地面积为 1.74 万 km²(占土地总面积的 48.07%)、林地面积为 1.10 万 km²(占土地总面积的 30.39%)、园地面积为 742.30 km²、草地面积为 1 706.25 km²、居民点及独立工矿用地面积为 5 077.82 km²(占土地总面积的 14.03%)、交通用地面积为 200.56 km² 以及未利用地面积为 84.97 km²。

9.1.5　气候与气象

河南省黄河流域位于北亚热带和暖温带交界,气候具有明显的过渡性。自东向西由平原向丘陵、山地过渡,属于暖温带半湿润半干旱气候区,平均相对湿度为 65%~70%。流域内光照充足,多年平均气温 12~15 ℃,其中,6~8 月多年平均气温为 26~28 ℃。降水在季节、空间上分布不均,春冬干旱、夏秋多雨,降水多集中在 6~9 月;在空间上,呈"南多北少"趋势。流域多年平均降水量在 700 mm 以下。

9.2　社会经济

9.2.1　河南省黄河流域县(市、区)概况

河南省黄河流域包括郑州、开封、洛阳、安阳、鹤壁、新乡、焦作、濮阳、三门峡和济源示范区等省辖市(示范区)中的 51 个县(市、区),见表 9-1。

表 9-1　河南省黄河流域基本状况

省辖市	包含县(市、区)	辖区面积/km²
郑州	金水区、上街区、惠济区、中牟县、巩义市、荥阳市、新密市、登封市	6 131.55
开封	龙亭区、顺河回族区、祥符区、兰考县	2 797.02
洛阳	老城区、西工区、瀍河回族区、涧西区、偃师区、孟津区、洛龙区、新安县、栾川县、嵩县、汝阳县、宜阳县、洛宁县、伊川县	14 514.04
安阳	滑县	1 781.11
鹤壁	浚县	954.98
新乡	红旗区、新乡县、获嘉县、原阳县、延津县、封丘县、卫辉市、长垣市	6 332.28
焦作	博爱县、武陟县、温县、沁阳市、孟州市	2 805.78
濮阳	范县、台前县、濮阳县	2 508.06
三门峡	湖滨区、陕州区、渑池县、卢氏县、义马市、灵宝市	9 953.51
济源示范区	济源市	1 899.75
合计		49 678.08

注:表中面积为各县(市、区)全域面积。

9.2.2　社会经济发展状况

2020 年河南省黄河流域总人口 4 789.29 万,常住人口 4 787.22 万,城镇化率 63.11%。河南省黄河流域 2020 年人口情况见表 9-2。

表 9-2　河南省黄河流域 2020 年人口情况

省辖市	总人口数/万人	常住人口数/万人	城镇常住人口数/万人	乡村常住人口数/万人	城镇化率/%
郑州	898.91	1 261.68	989.16	272.52	78.40
开封	563.82	483.47	250.58	232.89	51.83
洛阳	749.25	705.91	458.70	247.21	64.98
安阳	630.99	547.63	290.46	257.17	53.04
鹤壁	171.47	156.84	95.64	61.20	60.98
新乡	667.17	625.51	360.17	265.34	57.58
焦作	373.04	352.43	222.14	130.29	63.03
濮阳	435.17	377.35	188.56	188.79	49.97
三门峡	226.36	203.54	116.55	86.99	57.26
济源示范区	73.11	72.86	49.16	23.70	67.47
合计	4 789.29	4 787.22	3 021.12	1 766.10	平均:63.11

注:1. 本表统计数据来自《河南统计年鉴 2021》。

　　2. 均为各省辖市全域数据。

河南省黄河流域 2020 年全年生产总值 31 726.65 亿元。其中,第一产业总值 1 959.21 亿元,第二产业总值 13 467.89 亿元,第三产业总值 16 299.56 亿元,人均生产总值 64 383.03 元。河南省黄河流域 2020 年生产总值情况见表 9-3。

表 9-3　河南省黄河流域 2020 年生产总值情况

省辖市	生产总值/亿元	第一产业/亿元	第二产业/亿元	第三产业/亿元	人均生产总值/元
郑州	12 003.04	156.87	4 759.54	7 086.64	96 133.95
开封	2 371.83	363.62	897.27	1 110.94	49 166.30
洛阳	5 128.36	254.13	2 312.17	2 562.07	72 872.47
安阳	2 300.48	239.28	1 008.28	1 052.91	42 185.41
鹤壁	980.97	78.01	553.88	349.08	62 736.21
新乡	3 014.51	293.36	1 352.45	1 368.70	48 228.72
焦作	2 123.60	157.74	891.65	1 074.21	60 383.68
濮阳	1 649.99	240.02	583.25	826.72	43 908.34

省辖市	生产总值/亿元	第一产业/亿元	第二产业/亿元	第三产业/亿元	人均生产总值/元
三门峡	1 450.71	146.94	687.25	616.51	71 540.90
济源示范区	703.16	29.24	422.15	251.78	96 674.27
合计	31 726.65	1 959.21	13 467.89	16 299.56	64 383.03

注:1. 本表统计数据来自《河南统计年鉴 2021》。

　　2. 均为各省辖市全域数据。

　　3. 人均生产总值按常住人口计算。

9.3　河流水系

9.3.1　黄河干流

黄河干流由灵宝市杨家村入境,流经三门峡、洛阳、济源、焦作、郑州、新乡、开封、濮阳和安阳等 9 个省辖市 38 县(市、区),于濮阳市台前县张庄流入山东省。黄河干流孟津白鹤以上为山区峡谷河段,长 247 km;孟津白鹤至台前张庄为平原河段,长 464 km,现状两岸堤防保护面积广大,是黄河重要的设防河段,河床高出背河地面 4~6 m,比两岸平原高出更多,成为淮河流域和海河流域的分水岭,是举世闻名的"地上悬河"。黄河干流建设有三门峡、小浪底和西霞院等水库,三门峡水库总库容为 162 亿 m³,现状淤积严重;小浪底水库总库容为 126.5 亿 m³,是黄河下游经济社会发展和生态文明建设的重要水源;西霞院为小浪底的反调节水库。

黄河干流两岸大堤之间滩区面积约 2 116 km²,耕地 228 万亩(1 亩 = 1/15 hm²),居住人口 125.4 万,涉及郑州、开封、洛阳、焦作、新乡、濮阳等 6 个省辖市、17 个县(区)。其中,兰考东坝头至濮阳渠村河段,下部逐渐变窄,呈喇叭形,素有"豆腐腰"之称,由于主槽淤积和生产堤的修建,造成槽高、滩低、堤根洼的"二级悬河"。

9.3.2　主要支流

黄河北岸支流有沁河、金堤河、天然文岩渠等。沁河从济源紫柏滩入境,流经济源、焦作两市,于武陟县方陵村汇入黄河,境内河长 122 km,境内流域面积 1 228 km²,丹河是其最大支流。沁河干流建设有河口村水库,总库容 3.17 亿 m³。金堤河和天然文岩渠属平原河道,受引黄淤积、黄河顶托的影响,排水不畅,时有涝碱灾害发生。

黄河南岸支流主要有伊洛河和宏农涧河等,发源于秦岭山脉的伏牛山和华山。伊洛河是河南省黄河最大的一级支流,由伊河、洛河两大河流水系构成,洛河为干流,伊河是洛河第一大支流,并称伊洛河。洛河发源于陕西省蓝田县华山南麓,在河南省巩义市神堤村注入黄河,境内河长 335.5 km,流域面积 15 817 km²;支流伊河位于河南省境内,长 264.88 km,流域面积 6 100 多 km²。伊洛河流域已修建伊河陆浑和洛河故县两座大型水库,总库容分别为 13.2 亿 m³ 和 11.75 亿 m³。宏农涧河位于三门峡灵宝市境内,河流长 88 km,流域面积 2 062 km²。

9.4　水资源概况

9.4.1　水资源量状况

2020 年河南省黄河流域水资源总量为 42.00 亿 m³,比多年均值减少 28.3%,占全省水资源总量的 10.28%。河南省黄河流域地表水资源量为 29.5 亿 m³,比多年均值减少 35.2%,占全省地表水资源量的 10.01%。河南省黄河流域地下水资源量为 32.16 亿 m³,占河南省黄河流域地下水资源量的 16.98%。2020 年黄河流域入境 491.28 亿 m³(黄河干流三门峡以上入境 477.96 亿 m³),出境 450.80 亿 m³。河南省黄河流域 2020 年出境水量比入境水量偏少 40.48 亿 m³。流域内各省辖市 2020 年水资源量状况见表 9-4。

表 9-4　河南省黄河流域各省辖市 2020 年水资源量状况　　　　单位:亿 m³

省辖市	降水量	地表水资源量	地下水资源量	地表水与地下水资源重复量	水资源总量
郑州	43.94	5.27	5.44	2.12	8.59
开封	44.29	4.75	7.3	1.47	10.58
洛阳	98.23	16.92	12.91	10.22	19.61
安阳	39.44	3.24	6.74	1.91	8.07
鹤壁	10.89	0.6	2.05	0.57	2.08
新乡	51.25	4.07	9.88	3.58	10.37
焦作	23.61	3.05	5.08	1.08	7.05
濮阳	22.97	1.26	5.14	2.29	4.11
三门峡	60.64	8.51	7	6.47	9.04
济源示范区	11.15	1.7	1.95	1.31	2.34
黄河流域	218.69	29.5	32.16	19.66	42.00

9.4.2　供用水量状况

2020 年河南省黄河流域供水量 49.27 亿 m³,占全省总供水量的 20.8%。全省引用入境水量约 64.16 亿 m³,其中引黄河干流水量 31.40 亿 m³,引沁丹河水量 4.23 亿 m³。流域内各省辖市中,以地下水源供水为主的有安阳、鹤壁、焦作、开封等 4 个市,以地表水源供水为主的有郑州、洛阳、新乡、濮阳、三门峡、济源示范区等 6 个区域。2020 年河南省黄河流域用水量为 49.28 亿 m³,占全省总用水量的 20.8%。流域内各省辖市 2020 年供用耗水量如表 9-5 所示。

表 9-5　河南省黄河流域各省辖市 2020 年供用耗水量　　　　单位:亿 m³

省辖市	供水量				用水量					耗水量
	地表水	地下水	其他	合计	农业	工业	生活	生态	合计	
郑州	11.08	5.69	3.97	20.74	3.68	4.39	7.34	5.32	20.73	9.41
开封	6.49	8.67	0.40	15.56	8.43	1.59	2.27	3.26	15.55	8.56
洛阳	8.39	6.04	0.50	14.93	4.62	4.65	3.32	2.32	14.91	7.85
安阳	6.09	8.72	0.23	15.04	9.43	1.32	2.13	2.16	15.04	10.10
鹤壁	1.82	2.45	0.10	4.37	2.56	0.55	0.74	0.51	4.36	2.92
新乡	10.20	9.78	—	19.98	13.26	2.32	2.56	1.84	19.98	13.13
焦作	5.20	6.17	0.55	11.92	6.89	1.46	1.67	1.90	11.92	6.01
濮阳	8.99	4.21	0.08	13.28	8.32	1.19	1.20	2.57	13.28	7.85
三门峡	2.36	1.32	0.17	3.85	1.83	0.75	1.04	0.23	3.85	2.26
济源示范区	1.87	0.90	0.04	2.81	1.19	0.62	0.45	0.55	2.81	1.51
黄河流域	26.99	21.15	1.13	49.27	27.35	8.28	7.88	5.77	49.28	28.74

9.5　地表水环境质量

9.5.1　河流

2020 年,河南省黄河流域监测的 41 个省控断面中,Ⅰ～Ⅲ类水质断面 33 个,占 80.5%;Ⅳ类水质断面 6 个,占 14.6%;Ⅴ类水质断面 2 个,占 4.9%;无劣Ⅴ类水质断面。河流总体水质状况为良好,见图 9-1。

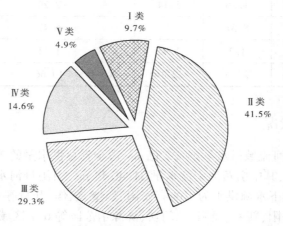

图 9-1　河南省黄河流域 2020 年河流断面水质比例

　　监测的 20 条河流中(同一水质级别按河流综合污染指数从低到高排列),丹河、沁河、文峪河、洛河、伊河、枣香河、黄河干流、蟒河、宏农涧河、天然渠、文岩渠 11 条河流水质级别为优;伊洛河、青龙涧河、汜水河、阳平河、天然文岩渠、黄庄河 6 条河流水质级别为良好;涧河、金堤河 2 条河流水质级别为轻度污染;西柳青河水质级别为中度污染。河流定性评价见图 9-2。

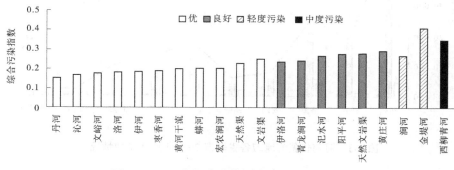

图 9-2　2020 年河南省黄河流域河流定性评价

9.5.2　湖库

　　2020 年,河南省黄河流域共有 5 座省控水库,为小浪底水库、故县水库、陆浑水库、三门峡水库和窄口水库。其中,故县水库、陆浑水库和窄口水库水质符合 Ⅱ 类标准,小浪底水库、三门峡水库水质符合 Ⅲ 类标准。

9.6　水污染物排放

9.6.1　废水排放量

　　2020 年河南省黄河流域废水排放总量为 15.32 亿 t,其中工业源 2.90 亿 t,生活源 12.40 亿 t,集中式 0.02 亿 t。河南省黄河流域各省辖市 2020 年废水排放情况见图 9-3。

9.6.2　污染物排放量

　　2020 年河南省黄河流域污染物排放总量为 28.49 万 t,其中化学需氧量 23.16 万 t,氨氮 1.15 万 t,总氮 3.98 万 t,总磷 0.20 万 t。河南省黄河流域各省辖市 2020 年污染物排放情况见图 9-4。

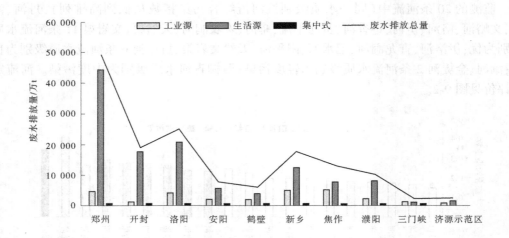

图 9-3　河南省黄河流域各省辖市 2020 年废水排放情况

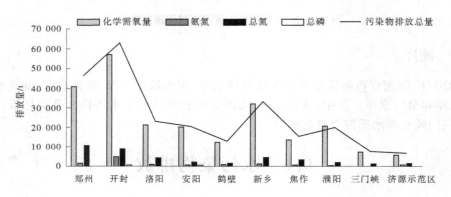

图 9-4　河南省黄河流域各省辖市 2020 年污染物排放情况

第 10 章 水环境容量计算

10.1 黄河干流计算结果

10.1.1 水文特征

黄河干流长 5 464 km,是我国第二大河,流域面积 79.5 万 km²(包括内流区 4.2 万 km²)。根据河道流经地区的自然环境和水文情势,划分为上、中、下游。河南省辖黄河流域位于黄河流域中下游,在灵宝市进入河南省境,流经三门峡、济源示范区、洛阳、郑州、焦作、新乡、鹤壁、安阳、开封、濮阳等,河道总长 711 km,流域面积 3.62 km²,自郑州桃花峪至入海口,现状河床高出背地河面 4~6 m,比两岸平原高出更多,是举世闻名的"地上悬河"。

10.1.2 水环境容量计算单元

根据 8.1 节环境容量计算单元确定结果,河南省辖黄河干流下游是重要的饮用水源地,对于河南省辖黄河干流流经的三门峡市区、陕县、洛阳市、孟津县等,在污水达标排放的情况下,将其现状污染物入河量视为其水环境容量,其余河段不再计算环境容量。

10.1.3 水环境容量计算结果

按照"保护优先"原则,对河南省辖工业、生活污水直接排入黄河干流的地区,在污水达标排放的情况下,将其现状污染物入河量作为其水环境容量。具体如表 10-1~表 10-3 所示。

表 10-1　河南省黄河流域黄河干流入河量现状统计　　　　单位:t/a

情景	所在地市	断面名称	COD	氨氮	总磷
含面源	郑州	花园口	4 367.52	306.66	40.33
	三门峡	三门峡水库	1 061.58	111.44	9.79
	济源	小浪底水库	325.7	12.84	2.49
	济源/洛阳	大横岭	893.38	34.18	7.16
	济源	南山	361.81	12.61	2.81
	合计		7 009.99	477.73	62.58

续表 10-1

情景	所在地市	断面名称	COD	氨氮	总磷
不含面源	郑州	花园口	3 670.07	290.33	36.07
	三门峡	三门峡水库	835.66	109.42	8.32
	济源	小浪底水库	159.48	11.11	1.00
	济源/洛阳	大横岭	435.49	29.52	3.47
	济源	南山	125.96	10.51	1.28
	合计		5 226.66	450.89	50.14

表 10-2　河南省黄河流域黄河干流入河量 2025 年预测统计　　　单位:t/a

情景	所在地市	断面名称	COD	氨氮	总磷
含面源	郑州	花园口	4 991.44	353.18	47.99
	三门峡	三门峡水库	1 129.18	118.2	10.47
	济源	小浪底水库	384.71	17.7	3.08
	济源/洛阳	大横岭	1 046.14	45.54	8.69
	济源	南山	432.38	19.67	3.52
	合计		7 983.85	554.29	73.75
不含面源	郑州	花园口	4 293.99	336.85	43.73
	三门峡	三门峡水库	903.26	116.18	9.00
	济源	小浪底水库	218.49	15.97	1.59
	济源/洛阳	大横岭	588.25	40.88	5.00
	济源	南山	196.53	17.57	1.99
	合计		6 200.52	527.45	61.31

表 10-3　河南省黄河流域黄河干流入河量 2035 年预测统计　　　单位:t/a

情景	所在地市	断面名称	COD	氨氮	总磷
含面源	郑州	花园口	5 747.52	409.62	57.35
	三门峡	三门峡水库	1 169.01	122.18	10.86
	济源	小浪底水库	425.05	20.94	3.48
	济源/洛阳	大横岭	1 153.29	53.29	9.76
	济源	南山	473.97	23.83	3.93
	合计		8 968.84	629.86	85.38

续表 10-3

情景	所在地市	断面名称	COD	氨氮	总磷
不含面源	郑州	花园口	5 050.07	393.29	53.09
	三门峡	三门峡水库	943.09	120.16	9.39
	济源	小浪底水库	258.83	19.21	1.99
	济源/洛阳	大横岭	695.40	48.63	6.07
	济源	南山	238.12	21.73	2.40
	合计		7 185.51	603.02	72.94

　　2025 年,预计黄河干流水环境容量(含面源) COD、氨氮、总磷环境容量分别为 7 983.85 t/a、554.29 t/a、73.75 t/a;不含面源时,COD、氨氮、总磷环境容量分别为 6 200.52 t/a、527.45 t/a、61.31 t/a。

　　2035 年,预计黄河干流水环境容量(含面源) COD、氨氮、总磷环境容量分别为 8 968.84 t/a、629.86 t/a、85.38 t/a;不含面源时,COD、氨氮、总磷环境容量分别为 7 185.51 t/a、603.02 t/a、72.94 t/a。

10.2　伊洛河水环境容量核算

10.2.1　水文特征

　　伊洛河是黄河三门峡以下最大的一级支流,主要由伊河、洛河两大河流水系构成。洛河为干流,伊河是洛河第一大支流。

　　洛河发源于陕西省华山南麓,至河南省巩义市境内黄河焦作公路桥下汇入黄河,河道长 446.9 km(陕西省境内 111.4 km,河南省境内 335.5 km),流域面积 18 881 km²(陕西省境内 3 064 km²,河南省境内 15 817 km²);支流伊河发源于河南省栾川县陶湾镇,河长 264.88 km,流域面积 6 100 多 km²。

　　据黑石关水文站资料统计,多年平均径流量 34.3 亿 m³。

10.2.2　水环境容量计算单元

　　由表 8-2 知,伊洛河流域水环境容量计算单元共 10 个,涉及伊洛河郑州市七里铺控制单元、伊洛河洛阳市伊洛河汇合处控制单元、伊河洛阳市潭头控制单元、伊河洛阳市岳滩控制单元、伊河洛阳市龙门大桥控制单元、洛河洛阳市洛宁长水控制单元、洛河洛阳市高崖寨控制单元、洛河洛阳市白马寺控制单元、洛河三门峡市洛河大桥控制单元、涧河三门峡市渑池吴庄控制单元。

10.2.3　水环境容量计算结果

　　按照环境容量计算情景,分别核算伊洛河流域不同水文年、不同水质目标条件下的环境容量计算结果,计算结果如表 10-4、表 10-5,图 10-1~图 10-6 所示。

表 10-4 伊洛河流域 2025 年目标条件下水环境容量核算结果

序号	河流名称	多年平均/(t/a)			丰水年/(t/a)			平水年/(t/a)			枯水年/(t/a)		
		COD	氨氮	总磷	COD	氨氮	总磷	COD	氨氮	总磷	COD	氨氮	总磷
1	伊河	18 783.98	1 249.42	78.31	59 465.81	3 959.4	247.77	18 972.76	1 257.61	76.31	4 888.3	318.39	16.71
2	洛河	43 095.02	2 426.99	236.62	108 877.33	6 115.52	597.19	43 118.6	2 422.33	235.65	12 069.65	696.37	69.57
3	涧河	1 901.96	138.54	14.25	3 850.34	280.46	28.84	1 894.78	138.02	14.19	934.62	68.08	7
4	伊洛河	30 264.95	1 816.06	83.11	67 200.58	4 061.69	182.81	26 298.06	1 589.25	71.55	7 141.17	433.29	19.33
5	合计	94 045.91	5 631.01	412.29	239 394.06	14 417.07	1 056.61	90 284.2	5 407.21	397.7	25 033.74	1 516.13	112.61

表 10-5　伊洛河流域 2035 年目标条件下水环境容量核算结果

序号	河流名称	多年平均/(t/a)			丰水年/(t/a)			平水年/(t/a)			枯水年/(t/a)		
		COD	氨氮	总磷	COD	氨氮	总磷	COD	氨氮	总磷	COD	氨氮	总磷
1	伊河	18 925.98	1 258.86	79.02	59 607.81	3 968.84	248.48	19 114.76	1 267.05	77.02	5 036.96	328.27	17.44
2	洛河	43 369.98	2 439.7	237.48	109 152.29	6 128.22	598.05	43 393.56	2 435.04	236.5	12 348.84	709.24	70.44
3	涧河	1 909.44	139.08	14.3	3 857.82	281	28.9	1 902.26	138.56	14.25	942.1	68.62	7.06
4	伊洛河	30 415.33	1 825.28	83.51	67 350.96	4 070.91	183.21	26 448.44	1 598.48	71.95	7 291.55	442.51	19.73
5	合计	94 620.73	5 662.92	414.31	239 968.88	14 448.97	1 058.64	90 859.02	5 439.13	399.72	25 619.45	1 548.64	114.67

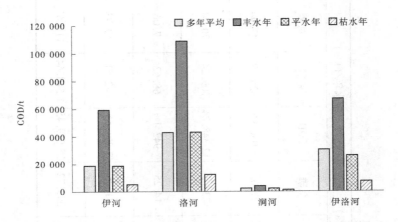

图 10-1　伊洛河流域 2025 年水质目标下各河流各情景年内 COD 环境容量

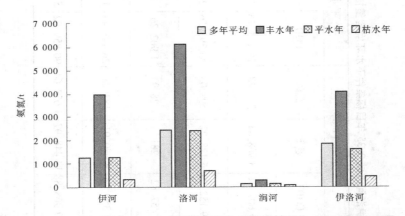

图 10-2　伊洛河流域 2025 年水质目标下各河流各情景年内氨氮环境容量

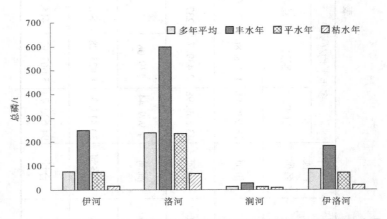

图 10-3　伊洛河流域 2025 年水质目标下各河流各情景年内总磷环境容量

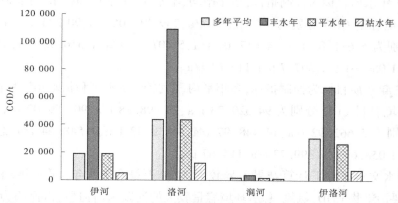

图 10-4　伊洛河流域 2035 年水质目标下各河流各情景年内 COD 环境容量

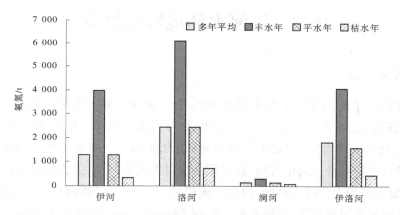

图 10-5　伊洛河流域 2035 年水质目标下各河流各情景年内氨氮环境容量

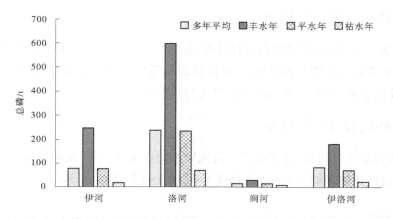

图 10-6　伊洛河流域 2035 年水质目标下各河流各情景年内总磷环境容量

　　以 2025 年水质目标为控制指标,多年平均、丰水年、平水年和枯水年四种情境下伊洛河流域水环境容量 COD 分别为 94 045.91 t/a、239 394.06 t/a、90 284.2 t/a、25 033.74 t/a,氨氮分别为 5 631.01 t/a、14 417.07 t/a、5 407.21 t/a、1 516.13 t/a,总磷分别为 412.29 t/a、1 056.61 t/a、397.7 t/a、112.61 t/a。

　　以 2035 年水质目标为控制指标,多年平均、丰水年、平水年和枯水年四种情境下伊洛河流域水环境容量 COD 分别为 94 620.73 t/a、23 998.88 t/a、90 859.02 t/a、25 619.45 t/a,氨氮分别为 5 662.92 t/a、14 448.97 t/a、5 439.13 t/a、1 548.64 t/a,总磷分别为 414.31 t/a、1 058.64 t/a、399.72 t/a、114.67 t/a。

　　在不同水文年条件下计算结果差异较大,总体上符合丰水年>平水年>枯水年的规律,三种主要污染物 COD、氨氮、总磷环境容量较大的河段为洛河段,占比约为 46%,其次为伊洛河段。

10.3　沁河水环境容量核算

10.3.1　水文特征

　　沁河是黄河三门峡至花园口区间两大支流之一,沁河发源于山西省平遥县,由济源紫柏滩入河南省境,经沁阳、博爱、温县,至武陟县方陵汇入黄河,河长 485 km,流域面积 13 532 km²。河南省境内河长 122 km,流域面积 1 228 km²,主要支流丹河,发源于山西省高平县丹朱岭,由博爱县入河南省境,在沁阳县金村汇入沁河,河南省境内河长 33.5 km。

　　沁河径流主要为大气降水补给,河川径流相对丰富,但年径流的年际变化及年内分配很不均衡,沁河属半湿润地区,年降水量一般在 550~700 mm,山区大于平原,上中游的差异以及东西向差异不明显。

10.3.2　水环境容量计算单元

　　由表 8-2 知,沁河流域水环境容量计算单元共 5 个,涉及沁河焦作市武陟渠首控制单元、沁河济源示范区沁阳伏背控制单元、沁河济源示范区五龙口控制单元、蟒河济源示范区西石露头控制单元、蟒河济源示范区孟州还封村控制单元。

10.3.3　水环境容量计算结果

　　按照环境容量计算情景,分别核算沁河流域不同水文年、不同水质目标条件下的环境容量计算结果,核算结果如表 10-6、表 10-7 和图 10-7~图 10-12 所示。

表 10-6 沁河流域 2025 年目标条件下水环境容量核算结果

序号	河流名称	多年平均/(t/a)			丰水年/(t/a)			平水年/(t/a)			枯水年/(t/a)		
		COD	氨氮	总磷	COD	氨氮	总磷	COD	氨氮	总磷	化学需氧量	氨氮	总磷
1	沁河	11 154.32	712.87	56.23	45 283.22	2 894.51	228.48	12 123.71	768.43	58.65	3 360.25	209.8	20.43
2	蟒河	2 389.73	147.23	19.05	3 911.56	241.78	31.35	2 374.72	146.33	18.94	61.37	5.36	0.83
3	济河	327.32	21.48	3.78	502.48	32.98	5.8	323.17	21.23	3.76	145.43	9.54	1.68
4	合计	13 871.37	881.58	79.06	49 697.26	3 169.27	265.63	14 821.6	935.99	81.35	3 567.05	224.7	22.94

表 10-7　沁河流域 2035 年目标条件下水环境容量核算结果

序号	河流名称	多年平均/(t/a)			丰水年/(t/a)			平水年/(t/a)			枯水年/(t/a)		
		COD	氨氮	总磷	COD	氨氮	总磷	COD	氨氮	总磷	COD	氨氮	总磷
1	沁河	11 192.53	715.10	56.35	45 321.42	2 896.74	228.59	12 161.92	770.67	58.77	2 491.34	163.20	12.60
2	蟒河	888.62	66.47	5.94	1 468.44	110.22	10.03	883.93	66.14	5.92	65.17	5.69	0.88
3	济河	129.12	11.42	1.94	197.51	17.47	2.96	126.45	11.26	1.93	58.1	5.14	0.87
4	合计	12 210.27	792.99	64.23	46 987.37	3 024.43	241.58	13 172.3	848.07	66.62	2 614.61	174.03	14.35

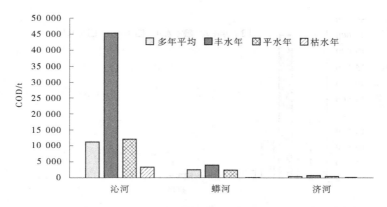

图 10-7　沁河流域 2025 年水质目标下各河流各情景年内 COD 环境容量

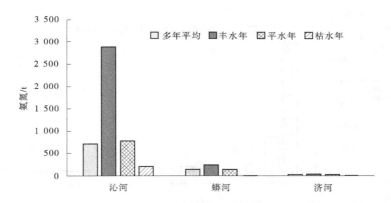

图 10-8　沁河流域 2025 年水质目标下各河流各情景年内氨氮环境容量

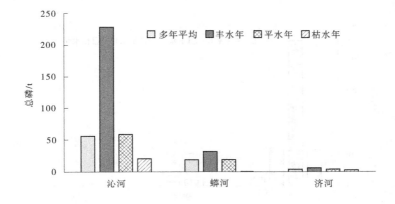

图 10-9　沁河流域 2025 年水质目标下各河流各情景年内总磷环境容量

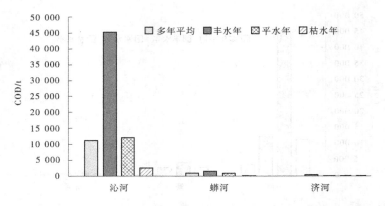

图 10-10　沁河流域 2035 年水质目标下各河流各情景年内 COD 环境容量

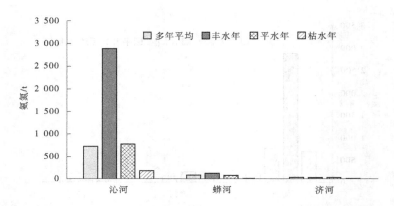

图 10-11　沁河流域 2035 年水质目标下各河流各情景年内氨氮环境容量

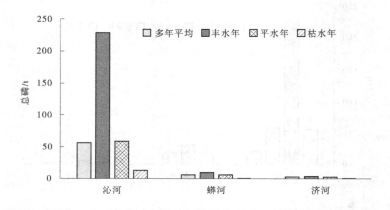

图 10-12　沁河流域 2035 年水质目标下各河流各情景年内总磷环境容量

以 2025 年水质目标为控制指标,多年平均、丰水年、平水年和枯水年四种情景下沁河流域水环境容量 COD 分别为 13 871.37 t/a、49 697.26 t/a、14 821.6 t/a、3 567.05 t/a,氨氮分别为 881.58 t/a、3 169.27 t/a、935.99 t/a、224.7 t/a,总磷分别为 79.06 t/a、265.63 t/a、81.35 t/a、22.94 t/a。

以 2035 年水质目标为控制指标,多年平均、丰水年、平水年和枯水年四种情景下沁河流域水环境容量 COD 分别为 12 210.27 t/a、46 987.37 t/a、13 172.3 t/a、2 614.61 t/a,氨氮分别为 792.99 t/a、3 024.43 t/a、848.07 t/a、174.03 t/a,总磷分别为 64.23 t/a、241.58 t/a、66.62 t/a、14.35 t/a。

环境容量最大的河段为沁河段,三种主要污染物 COD、氨氮、总磷占比约为 92%。

10.4　其他主要支流水环境容量核算

10.4.1　其他主要支流水文特征

黄河流域集水面积大于 1 000 km² 的支流有 76 条,多年平均天然来水量 440 亿 m³(1956—2000 年系列),占黄河流域多年平均天然径流量的 82%。设有水质或水文监测断面的主要支流有宏农涧河、天然文岩渠、金堤河等。

宏农涧河属黄河一级支流,发源于灵宝市南部小秦岭南麓,经灵宝市区注入黄河,流域面积 2 087 km²,干流长 88 km。

天然文岩渠是新乡市东部原阳、延津、封丘、长垣四县(市)的骨干防洪排涝河道,全长 124 km,流域面积 2 311 km²。流域内现有耕地 217.86 万亩,人口 46.2 万。

金堤河,黄河下游支流,起源于新乡县,河道长 159 km,平均河宽 260 m,比降 5.9‰~9.1‰,流域面积 5 047 km²。金堤河现行河道设计标准是 3 年一遇排涝,流量 280 m³/s,20 年一遇防洪,流量 800 m³/s,多年平均年径流量 3.12 亿 m³/s。

其他支流有氾水河、二道河、新蟒河、滩区涝河、好阳河、文峪河、枣香河、阳平河、大峪河。

10.4.2　水环境容量计算单元

由表 8-2 知,其他支流环境容量计算单元共 15 个,涉及宏农涧河三门峡市坡头控制单元、文岩渠新乡市封丘王堤控制单元、天然渠新乡市封丘陶北控制单元、金堤河安阳市濮阳大韩桥控制单元、金堤河濮阳市贾垓桥控制单元、金堤河濮阳市子路堤桥控制单元、黄庄河新乡市滑县孔村桥控制单元、氾水河郑州市口子控制单元、二道河洛阳市二道河入黄口控制单元、新蟒河焦作市温县氾水滩控制单元、滩区涝河焦作市孟州石井控制单元、好阳河三门峡市西王村控制单元、文峪河三门峡市三河口桥控制单元、枣香河三门峡市芦台桥控制单元、阳平河三门峡市张村桥控制单元。

10.4.3　水环境容量计算结果

按照环境容量计算情景,分别核算黄河流域干流不同水文年、不同水质目标条件下的环境容量计算结果,核算结果如表 10-8、表 10-9 和图 10-13~图 10-18 所示。

表 10-8　黄河流域干流 2025 年目标条件下水环境容量核算结果

序号	河流名称	多年平均/(t/a)			丰水年/(t/a)			平水年/(t/a)			枯水年/(t/a)		
		COD	氨氮	总磷	COD	氨氮	总磷	COD	氨氮	总磷	COD	氨氮	总磷
1	宏农涧河	3 570.51	234.55	44.41	4 967.21	326.3	61.78	3 568.74	234.43	44.39	2 133.14	140.13	26.53
2	天然文岩渠	7 144.57	511.07	41.88	17 029.99	1 218.19	99.83	6 595.64	471.8	38.66	3 857.25	275.92	22.62
3	金堤河	10 743.73	791.97	70.96	31 038.83	2 197.41	188.94	10 647.33	785.8	70.32	3 933.18	290.77	22.63
4	汜水河	6 778.07	438.75	61.26	11 898.17	770.17	107.53	6 765.1	437.91	61.14	1 461.78	94.62	13.21
5	二道河	959.88	57.3	8.19	1 675.39	100.02	14.3	958.07	57.19	8.18	217.92	13.01	1.86
6	新蟒河	8 287.51	535.84	46.75	13 449.47	869.6	75.87	8 274.44	535	46.68	2 913.02	188.35	16.43
7	滩区涝河	332.24	18.91	2.97	557.55	31.74	4.99	331.67	18.88	2.97	96.32	5.48	0.86
8	好阳河	328.98	25.8	3.55	652.72	51.19	7.03	332.28	26.06	3.58	60.18	4.72	0.65
9	文峪河	109.97	10.37	1.82	217.95	20.55	3.61	111.3	10.49	1.84	20.74	1.95	0.34
10	枣香河	120.23	11.29	1.96	238.15	22.37	3.89	121.68	11.43	1.99	22.78	2.14	0.37
11	阳平河	158.04	15.08	2.73	312.69	29.83	5.41	159.95	15.26	2.77	30.25	2.89	0.52
12	大峪河	89.94	17.14	3.2	177.96	33.92	6.32	90.84	17.31	3.23	38.21	7.28	1.36
13	合计	38 623.67	2 668.07	289.68	82 216.08	5 671.29	579.5	37 957.04	2 621.56	285.75	14 784.77	1 027.26	107.38

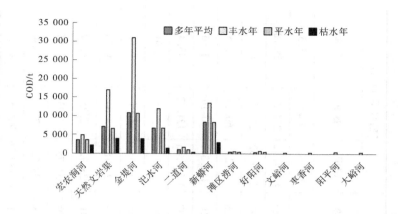

图 10-13　黄河流域 2025 年水质目标下各河流各情景年内 COD 环境容量

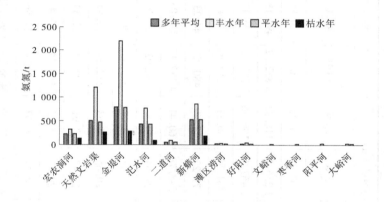

图 10-14　黄河流域 2025 年水质目标下各河流各情景年内氨氮环境容量

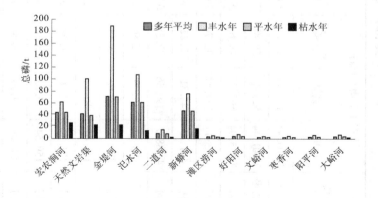

图 10-15　黄河流域 2025 年水质目标下各河流各情景年内总磷环境容量

表 10-9　黄河流域干流 2035 年目标条件下水环境容量核算结果

序号	河流名称	多年平均/(t/a)			丰水年/(t/a)			平水年/(t/a)			枯水年/(t/a)		
		COD	氨氮	总磷	COD	氨氮	总磷	COD	氨氮	总磷	COD	氨氮	总磷
1	宏农涧河	1 303.44	120.91	22.51	1 810.45	167.94	31.26	1 302.8	120.85	22.5	781.68	72.51	13.5
2	天然文岩渠	7 401.44	529.44	50.87	17 286.87	1 236.57	118.82	6 852.52	490.18	47.49	4 114.12	294.29	28.78
3	金堤河	7 535.94	597.77	49.61	18 999.62	1 467.14	106.86	7 502.93	595.19	49.49	2 661.92	212.33	14.44
4	汜水河	3 260	254.47	32.74	5 656.18	441.51	56.81	3 253.93	254	32.68	772	60.26	7.75
5	二道河	481.33	44.31	7.22	839.09	77.25	12.59	480.43	44.23	7.21	110.36	10.16	1.66
6	新蟒河	4 188.7	339.56	37.38	6 769.68	548.78	60.41	4 182.17	339.03	37.32	1 501.45	121.72	13.4
7	滩区涝河	186.33	17.29	2.9	308.58	28.64	4.8	186.02	17.26	2.89	58.32	5.41	0.91
8	好阳河	332.12	26.05	3.58	655.86	51.44	7.07	335.43	26.31	3.62	63.33	4.97	0.68
9	文峪河	111.01	10.47	1.84	218.99	20.65	3.63	112.34	10.59	1.86	21.78	2.05	0.36
10	枣香河	121.37	11.4	1.98	239.29	22.47	3.91	122.82	11.53	2.01	23.92	2.25	0.39
11	阳平河	159.54	15.22	2.76	314.18	29.97	5.43	161.44	15.4	2.79	31.75	3.03	0.55
12	大峪河	91.26	17.39	3.24	179.29	34.17	6.37	92.16	17.56	3.28	39.53	7.53	1.4
13	合计	25 172.48	1 984.28	216.63	53 278.08	4 126.53	417.96	24 584.99	1 942.13	213.14	10 180.16	796.51	83.82

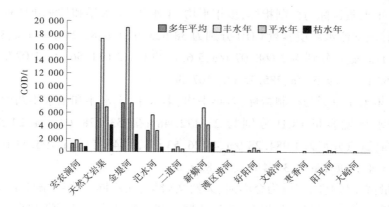

图 10-16　黄河流域 2035 年水质目标下各河流各情景年内 COD 环境容量

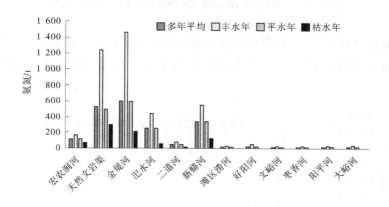

图 10-17　黄河流域 2035 年水质目标下各河流各情景年内氨氮环境容量

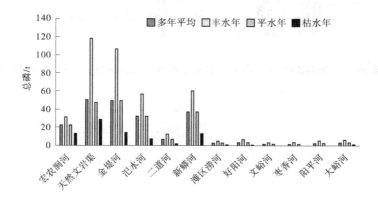

图 10-18　黄河流域 2035 年水质目标下各河流各情景年内总磷环境容量

以 2025 年水质目标为控制指标,多年平均、丰水年、平水年和枯水年四种情景下河南省黄河流域其他支流水环境容量 COD 分别为 38 623.67 t/a、82 216.08 t/a、37 957.04 t/a、14 784.77 t/a,氨氮分别为 2 668.07 t/a、5 671.29 t/a、2 621.56 t/a、1 027.26 t/a,总磷分别为 289.68 t/a、579.5 t/a、285.75 t/a、107.38 t/a。

以 2035 年水质目标为控制指标,多年平均、丰水年、平水年和枯水年四种情景下河南省黄河流域水环境容量 COD 分别为 25 172.48 t/a、53 278.08 t/a、24 584.99 t/a、10 180.16 t/a,氨氮分别为 1 984.28 t/a、4 126.53 t/a、1 942.13 t/a、796.51 t/a,总磷分别为 216.63 t/a、417.96 t/a、213.14 t/a、83.82 t/a。

环境容量占比较高的河段为金堤河、天然文岩渠,在不同水文年条件下,枯水年环境容量结果偏低,随着水质目标的提升,黄河流域可利用的环境容量逐渐减小。

10.5　黄河流域水环境容量核算

按照环境容量计算情景,分别核算河南省黄河流域各地市不同水文年、不同水质目标条件下的主要污染物环境容量,计算结果如图 10-19~图 10-24 和表 10-10、表 10-11 所示。

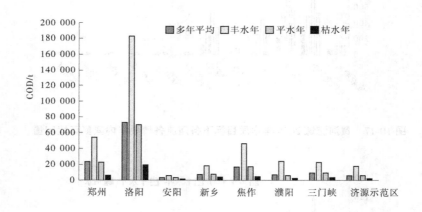

图 10-19　黄河流域 2025 年水质目标下各省辖市各情景年内 COD 环境容量

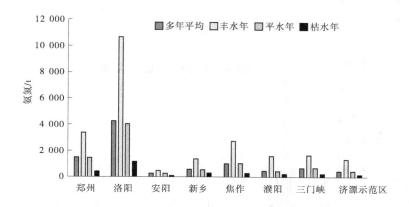

图 10-20　黄河流域 2025 年水质目标下各省辖市各情景年内氨氮环境容量

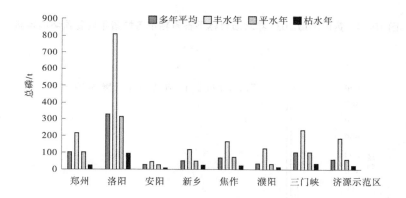

图 10-21　黄河流域 2025 年水质目标下各省辖市各情景年内总磷环境容量

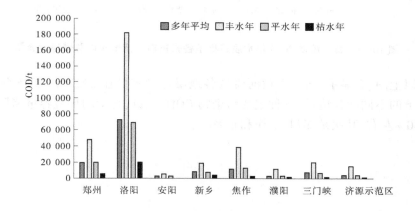

图 10-22　黄河流域 2035 年水质目标下各省辖市各情景年内 COD 环境容量

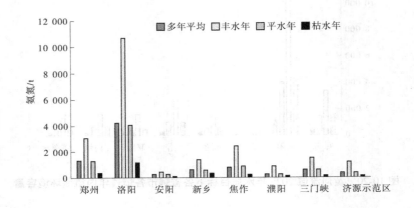

图 10-23　黄河流域 2035 年水质目标下各省辖市各情景年内氨氮环境容量

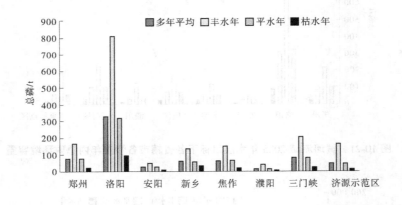

图 10-24　黄河流域 2035 年水质目标下各省辖市各情景年内总磷环境容量

　　根据以上图、表显示,河南省黄河流域各地市环境容量在 2025 年、2035 年不同水质目标要求下的不同计算情景,三种主要污染物 COD、氨氮、总磷的环境容量洛阳市占比均最高,在 50% 左右;其次是郑州、焦作和新乡。

表 10-10　不同情景 2025 年水质目标下河南省黄河流域各地市主要污染物环境容量统计

单位:t

序号	省辖市	多年平均			丰水年			平水年			枯水年		
		COD	氨氮	总磷	COD	氨氮	总磷	COD	氨氮	总磷	COD	氨氮	总磷
1	郑州	23 429.72	1 482.09	104.37	53 842.03	3 398.25	216.12	23 139.62	1 463.88	103.53	6 201.31	391.59	25.48
2	洛阳	72 876.85	4 247.74	328.63	182 415.50	10 678.11	809.38	69 460.01	4 046.24	315.39	19 489.63	1 157.74	94.36
3	安阳	3 156.27	254.77	26.54	5 595.73	451.68	47.06	3 156.60	254.80	26.55	716.11	57.80	6.02
4	新乡	7 922.49	593.69	51.90	18 381.61	1 361.74	117.23	7 372.11	554.27	48.67	4 037.59	295.07	24.94
5	焦作	16 499.37	1 009.86	70.71	45 972.42	2 747.56	165.97	17 475.24	1 066.13	73.26	4 436.94	276.28	21.10
6	濮阳	6 809.54	454.58	34.39	24 091.49	1 602.18	124.46	6 714.26	448.53	33.77	3 036.73	213.81	14.28
7	三门峡	9 765.02	694.31	103.22	23 098.78	1 661.14	234.66	9 701.68	689.86	102.66	3 289.59	226.26	36.27
8	济源示范区	6 081.70	443.61	61.28	17 909.81	1 356.96	186.85	6 043.31	441.05	60.97	2 177.66	149.53	20.49
	合计	146 540.96	9 180.65	781.04	371 307.37	23 257.62	1 901.73	143 062.83	8 964.76	764.80	43 385.56	2 768.08	242.94

表 10-11　不同情景 2035 年水质目标下河南省黄河流域各地市主要污染物环境容量统计

单位:t

序号	省辖市	多年平均			丰水年			平水年			枯水年		
		COD	氨氮	总磷	COD	氨氮	总磷	COD	氨氮	总磷	COD	氨氮	总磷
1	郑州	20 028.19	1 305.11	76.15	47 716.58	3 076.89	165.70	19 744.99	1 287.28	75.38	5 628.07	364.53	20.33
2	洛阳	72 832.93	4 257.65	329.17	182 013.83	10 678.24	809.19	69 416.99	4 056.17	315.94	19 827.57	1 178.38	95.69
3	安阳	3 211.98	259.27	27.01	5 651.44	456.18	47.53	3 212.31	259.30	27.02	771.82	62.30	6.49
4	新乡	8 195.80	613.81	61.10	18 654.92	1 381.86	136.44	7 645.42	574.39	57.71	4 310.90	315.19	31.31
5	焦作	12 291.32	814.07	61.35	39 080.34	2 425.76	150.42	13 273.99	870.66	63.92	3 024.04	211.70	18.20
6	濮阳	3 529.60	254.13	12.36	11 980.13	865.66	41.71	3 497.72	251.68	12.27	1 693.31	129.13	5.42
7	三门峡	7 528.44	582.98	81.63	19 972.52	1 505.08	204.45	7 466.23	578.59	81.07	1 968.62	160.96	23.54
8	济源示范区	4 385.24	353.17	46.39	15 164.59	1 210.27	162.75	4 358.65	351.25	46.18	1 189.87	96.99	11.86
	合计	132 003.5	8 440.19	695.16	340 234.35	21 599.94	1 718.19	128 616.3	8 229.32	679.49	38 414.2	2 519.18	212.84

10.6　结论与建议

10.6.1　环境容量计算结论

（1）在19年月平均设计流量条件下，黄河干流以现状排污量及预测增量作为不同水质目标年下的环境容量。

以2025年水质目标为控制指标，多年平均、丰水年、平水年和枯水年四种情境下河南省黄河流域水环境容量COD分别为146 540.96 t/a、371 307.37 t/a、143 062.83 t/a、43 385.56 t/a，氨氮分别为9 180.65 t/a、23 257.62 t/a、8 964.76 t/a、2 768.08 t/a，总磷分别为781.04 t/a、1 901.73 t/a、764.80 t/a、242.94 t/a。

以2035年水质目标为控制指标，多年平均、丰水年、平水年和枯水年四种情境下河南省黄河流域水环境容量COD分别为132 003.5 t/a、340 234.35 t/a、128 616.3 t/a、38 414.2 t/a，氨氮分别为8 440.19 t/a、21 599.94 t/a、8 229.32 t/a、2 519.18 t/a，总磷分别为695.16 t/a、1 718.19 t/a、679.49 t/a、212.84 t/a。由于黄河流域水环境质量要求的不断提高，各计算情景下的COD、氨氮和总磷三种污染物的环境容量均有不同程度的减小。

（2）分地区各情景下三种主要污染物COD、氨氮和总磷洛阳市环境容量占比均最高，占河南省黄河流域总环境容量的50%左右，其次是郑州市、焦作市，济源示范区环境容量在各地市中占比最小；分河流，河南省黄河流域所有河流三种主要污染物COD、氨氮和总磷洛河、伊河、伊洛河、金堤河、沁河的环境容量占比较高，合计占总环境容量的80%，其中洛河环境容量最大，占总环境容量的30%左右。

10.6.2　环境容量利用的对策建议

为落实习近平总书记在黄河流域生态保护和高质量发展座谈会上的讲话精神，坚持"共同抓好大保护、协同推进大治理"，对黄河流域进行系统治理、源头治理，对黄河干流及主要支流伊河、洛河、伊洛河、青龙涧河等水质较好的水体以水生态系统健康为主要目标，重点加强对流域内西柳青河、济河、涧河、好阳河、双桥河等水质相对较差河流水污染治理，严格环境准入要求，对现有污染源进行限期治理。

随着水质目标的要求越来越严，河南省黄河流域可利用环境容量有所缩减，还需加强总磷等污染物减排力度，应加大产业结构调整，在河南省黄河流域干流及主要支流沿岸，要严格控制石油化工、化学原料和化学制品制造、制浆造纸、化学纤维制造、有色金属冶炼、纺织印染等高污染产业环境风险，合理布局生产装置及危险化学品仓储等设施。结合黄河流域资源环境承载能力及黄河流域生态保护和高质量发展要求，推动产业结构与布局的优化。加快经济发展方式转变，在新的产业布局中充分考虑剩余环境容量分布状况。同时，加强丰水期流域面源污染管控。

在河南省黄河流域，金堤河、黄河干流和伊河三条河流的环境容量相对较大，金堤河、黄河干流、伊河、洛河和伊洛河等几条主要河流的环境容量占全流域容量比例可达到

60%,其余支流受天然径流和下泄流量的影响,环境容量明显偏小。为保障黄河流域可利用的环境容量,需保障主要河流的流量,建议金堤河平水期流量不低于 4 m³/s、洛河平水期流量不低于 14.8 m³/s、伊河平水期流量不低于 10 m³/s。

　　不同河流环境容量结果差异较大,易出现部分区域环境容量不够用,而部分区域环境容量盈余的状况,为合理、充分利用环境容量,避免不合理的排污浪费环境容量,建议在黄河流域入河排污口排查的基础上对入河排污口进行优化调整,入河排污口个数可优化至 68 个左右。

第 11 章　水环境承载力评价

11.1　基于环境承载率的水环境承载力评价

11.1.1　评价范围

评价范围为黄河流域涉及的郑州、开封、洛阳、安阳、新乡、焦作、濮阳、三门峡、济源等 8 市 1 区。

评价年度为 2020 年,评价因子为 COD、氨氮和总磷。

11.1.2　数据来源

数据采用前面章节统计得到的 2020 年主要污染物 COD、氨氮和总磷的排放量及允许排放量计算结果。将各主要水污染物的实际排放量作为当前环境承载量,各主要水污染物的最大允许排放量为环境承载力(阈值)。

11.1.3　评价结果

按照承载率方法,计算出各省辖市在 2020 年、2025 年和 2035 年水质目标下的分项环境承载率,见表 11-1。

表 11-1　黄河流域各省辖市分项环境承载率结果

省辖市	I_{COD}			I_{NHN}			I_{TP}		
	2020 年	2025 年	2035 年	2020 年	2025 年	2035 年	2020 年	2025 年	2035 年
郑州	0.72	0.73	0.94	0.34	0.44	0.51	0.60	0.57	0.71
开封	10.89	12.59	13.13	8.13	18.14	16.87	22.26	15.52	14.81
洛阳	0.30	0.37	0.37	0.15	0.20	0.20	0.44	0.38	0.38
安阳	1.93	2.23	2.23	1.11	1.42	1.42	14.37	16.54	16.48
新乡	2.70	3.32	3.26	1.05	1.18	1.17	1.94	2.08	1.89
焦作	0.70	0.88	1.31	0.33	0.66	0.87	0.60	0.88	1.21
濮阳	2.99	2.94	5.78	0.52	0.56	1.02	2.48	1.88	5.43
三门峡	0.72	0.95	1.21	0.22	0.25	0.29	0.39	0.38	0.47
济源示范区	0.76	0.91	1.18	0.93	1.27	1.49	0.94	1.00	1.22
河南省黄河流域	1.10	1.26	1.47	0.66	0.90	0.99	1.69	1.65	1.91

在此基础上,计算出各省辖市在 2020 年、2025 年和 2035 年水质目标下的综合环境承载率及综合环境承载状态分级,见表 11-2。

表 11-2　河南省黄河流域各省辖市综合环境承载状态结果

省辖市	容量承载率 C			承载状态分级		
	2020 年	2025 年	2035 年	2020 年	2025 年	2035 年
郑州	0.64	0.66	0.84	弱盈余	弱盈余	弱盈余
开封	18.50	16.83	15.94	强超载	强超载	强超载
洛阳	0.37	0.35	0.35	强盈余	强盈余	强盈余
安阳	10.96	12.63	12.58	强超载	强超载	强超载
新乡	2.33	2.81	2.74	强超载	强超载	强超载
焦作	0.63	0.84	1.22	弱盈余	弱盈余	弱盈余
濮阳	2.54	2.43	5.00	强超载	强超载	强超载
三门峡	0.60	0.77	0.98	弱盈余	弱盈余	弱盈余
济源示范区	0.91	1.17	1.39	弱盈余	弱超载	弱超载
河南省黄河流域	1.44	1.47	1.70	弱超载	弱超载	中超载

从表 11-2 结果来看,在 2020 年、2025 年水质目标下,河南省黄河流域均处于弱超载状态;2035 年水质目标下,河南省黄河流域处于中超载状态。

11.2　基于水质时空达标率的水环境承载力评价

11.2.1　参与评价断面

2020 年地表水环境承载力评价中,参与评价的监测断面(点位)共有 27 个,其中国省考核断面 24 个,省考核断面 3 个,开封市未设置控制断面,不参与评价,具体见表 11-3。

表 11-3　参与评价断面(点位)基础信息

序号	考核城市	断面名称	所在水体	"十四五"考核目标
1	郑州市	花园口	黄河	Ⅲ
2	郑州市	七里铺	洛河(伊洛河)	Ⅲ
3	洛阳市	潭头	伊河	Ⅱ
4	洛阳市	洛宁长水	洛河(伊洛河)	Ⅱ
5	洛阳市	龙门大桥	伊河	Ⅲ
6	洛阳市	高崖寨	洛河(伊洛河)	Ⅱ
7	洛阳市	白马寺	洛河(伊洛河)	Ⅲ

续表 11-3

序号	考核城市	断面名称	所在水体	"十四五"考核目标
8	洛阳市	伊洛河汇合处	洛河(伊洛河)	III
9	安阳市	濮阳大韩桥	金堤河	III
10	新乡市	封丘陶北	天然渠	III
11	新乡市	封丘王堤	文岩渠	III
12	新乡市	黄塔桥	西柳青河	IV
13	新乡市	滑县孔村桥	黄庄河	III
14	焦作市	武陟渠首	沁河	III
15	焦作市	温县氾水滩	新蟒河	V
16	濮阳市	刘庄	黄河	III
17	濮阳市	贾垓桥(张秋)	金堤河	IV
18	三门峡市	洛河大桥	洛河(伊洛河)	II
19	三门峡市	窄口长桥	宏农涧河	II
20	三门峡市/运城市	三门峡水库	三门峡水库	II
21	三门峡市	渑池吴庄	涧河	IV
22	三门峡市	灵宝坡头桥	宏农涧河	IV
23	济源示范区	小浪底水库	黄河	II
24	济源示范区	孟州还封村(济源南官庄)	蟒河	IV
25	济源示范区	沁阳西宜作	济河	IV
26	济源示范区	沁阳伏背	沁河	III
27	济源示范区/运城市	南山	小浪底水库	III

11.2.2　水质指标

　　参评断面的水质指标为《地表水环境质量标准》(GB 3838—2002)中除水温、粪大肠菌群和总氮以外的 21 项指标,包括 pH 值、溶解氧、高锰酸盐指数、五日生化需氧量、氨氮、石油类、挥发酚、汞、铅、COD、总磷、铜、锌、氟化物、硒、砷、镉、铬(六价)、氰化物、阴离子表面活性剂和硫化物。

11.2.3　参评断面达标情况

　　对 2020 年各参评断面(点位)监测数据进行统计,得出 27 个断面(点位)全年、各水期的时间达标率及均值达标情况。

11.2.3.1　全年达标情况
　　27 个断面(点位)全年时间达标率及年均值达标情况见表 11-4。

表 11-4　参与评价断面(点位)全年水质达标情况

考核城市	断面名称	时间达标率/%	年均值达标情况
郑州市	花园口	100.00	达标
郑州市	七里铺	83.33	达标
洛阳市	潭头	83.33	达标
洛阳市	洛宁长水	100.00	达标
洛阳市	龙门大桥	75.00	达标
洛阳市	高崖寨	58.33	达标
洛阳市	白马寺	91.67	达标
洛阳市	伊洛河汇合处	91.67	达标
安阳市	濮阳大韩桥	41.67	达标
新乡市	封丘陶北	83.33	达标
新乡市	封丘王堤	50.00	达标
新乡市	黄塔桥	25.00	不达标
新乡市	滑县孔村桥	33.33	达标
焦作市	武陟渠首	100.00	达标
焦作市	温县汜水滩	100.00	达标
濮阳市	刘庄	91.67	达标
濮阳市	贾垓桥(张秋)	33.33	达标
三门峡市	洛河大桥	91.67	达标
三门峡市	窄口长桥	100.00	达标
三门峡市	三门峡水库	83.33	达标
三门峡市	渑池吴庄	16.67	不达标
三门峡市	灵宝坡头桥	100.00	达标
济源示范区	小浪底水库	83.33	达标
济源示范区	孟州还封村 (济源南官庄)	91.67	达标
济源示范区	沁阳西宜作	75.00	达标
济源示范区	沁阳伏背	100.00	达标
济源示范区	南山	83.33	达标

11.2.3.2　枯水期达标情况

27 个断面(点位)枯水期时间达标率及均值达标情况见表 11-5。

表 11-5　参与评价断面(点位)枯水期水质达标情况

考核地市	断面名称	时间达标率/%	枯水期均值达标情况
郑州市	花园口	100.00	达标
郑州市	七里铺	75.00	达标
洛阳市	潭头	50.00	达标
洛阳市	洛宁长水	100.00	达标
洛阳市	龙门大桥	100.00	达标
洛阳市	高崖寨	0	不达标
洛阳市	白马寺	75.00	达标
洛阳市	伊洛河汇合处	75.00	达标
安阳市	濮阳大韩桥	50.00	达标
新乡市	封丘陶北	50.00	达标
新乡市	封丘王堤	75.00	达标
新乡市	黄塔桥	100.00	达标
新乡市	滑县孔村桥	25.00	不达标
焦作市	武陟渠首	100.00	达标
焦作市	温县汜水滩	100.00	达标
濮阳市	刘庄	100.00	达标
濮阳市	贾垓桥(张秋)	100.00	达标
三门峡市	洛河大桥	100.00	达标
三门峡市	窄口长桥	100.00	达标
三门峡市	三门峡水库	50.00	达标
三门峡市	渑池吴庄	50.00	达标
三门峡市	灵宝坡头桥	100.00	达标
济源示范区	小浪底水库	100.00	达标
济源示范区	孟州还封村(济源南官庄)	100.00	达标
济源示范区	沁阳西宜作	75.00	达标
济源示范区	沁阳伏背	100.00	达标
济源示范区	南山	100.00	达标

11.2.3.3　平水期达标情况

27个断面(点位)平水期时间达标率及均值达标情况见表11-6。

表 11-6　参与评价断面(点位)平水期水质达标情况

考核地市	断面名称	时间达标率/%	平水期均值达标情况
郑州市	花园口	100.00	达标
郑州市	七里铺	75.00	达标
洛阳市	潭头	100.00	达标
洛阳市	洛宁长水	100.00	达标
洛阳市	龙门大桥	50.00	达标
洛阳市	高崖寨	75.00	达标
洛阳市	白马寺	100.00	达标
洛阳市	伊洛河汇合处	100.00	达标
安阳市	濮阳大韩桥	50.00	不达标
新乡市	封丘陶北	100.00	达标
新乡市	封丘王堤	75.00	达标
新乡市	黄塔桥	0	不达标
新乡市	滑县孔村桥	75.00	达标
焦作市	武陟渠首	100.00	达标
焦作市	温县泛水滩	100.00	达标
濮阳市	刘庄	100.00	达标
濮阳市	贾垓桥(张秋)	0	不达标
三门峡市	洛河大桥	100.00	达标
三门峡市	窄口长桥	100.00	达标
三门峡市	三门峡水库	100.00	达标
三门峡市	渑池吴庄	0	不达标
三门峡市	灵宝坡头桥	100.00	达标
济源示范区	小浪底水库	100.00	达标
济源示范区	孟州还封村 (济源南官庄)	75.00	不达标
济源示范区	沁阳西宜作	75.00	达标
济源示范区	沁阳伏背	100.00	达标
济源示范区	南山	75.00	达标

11.2.3.4　丰水期达标情况

27 个断面(点位)丰水期时间达标率及均值达标情况见表 11-7。

表 11-7　参与评价断面（点位）丰水期水质达标情况

考核地市	断面名称	时间达标率/%	丰水期均值达标情况
郑州市	花园口	100.00	达标
郑州市	七里铺	100.00	达标
洛阳市	潭头	100.00	达标
洛阳市	洛宁长水	100.00	达标
洛阳市	龙门大桥	75.00	达标
洛阳市	高崖寨	100.00	达标
洛阳市	白马寺	100.00	达标
洛阳市	伊洛河汇合处	100.00	达标
安阳市	濮阳大韩桥	25.00	不达标
新乡市	封丘陶北	100.00	达标
新乡市	封丘王堤	0	不达标
新乡市	黄塔桥	0	不达标
新乡市	滑县孔村桥	0	不达标
焦作市	武陟渠首	100.00	达标
焦作市	温县汜水滩	100.00	达标
濮阳市	刘庄	75.00	达标
濮阳市	贾垓桥(张秋)	0	不达标
三门峡市	洛河大桥	75.00	达标
三门峡市	窄口长桥	100.00	达标
三门峡市	三门峡水库	100.00	达标
三门峡市	渑池吴庄	0	不达标
三门峡市	灵宝坡头桥	100.00	达标
济源示范区	小浪底水库	50.00	达标
济源示范区	孟州还封村 （济源南官庄）	100.00	达标
济源示范区	沁阳西宜作	75.00	达标
济源示范区	沁阳伏背	100.00	达标
济源示范区	南山	75.00	达标

11.2.4　评价结果

根据表 11-4～表 11-7 的达标率及达标情况，对各省辖市全年、各水期水环境承载力进行计算。

11.2.4.1　全年评价结果

全年水环境承载力评价结果见表 11-8。

表 11-8　全年水环境承载力评价结果

考核地市	水质时间达标率/%	水质空间达标率/%	水环境承载力指数/%	承载状态
郑州市	91.67	100.00	95.83	未超载
洛阳市	83.33	100.00	91.67	未超载
安阳市	41.67	100.00	70.83	临界超载
新乡市	47.92	75.00	61.46	超载
焦作市	100.00	100.00	100.00	未超载
濮阳市	62.50	100.00	81.25	临界超载
三门峡市	78.33	80.00	79.17	临界超载
济源示范区	86.67	100.00	93.33	未超载
河南省黄河流域	77.85	92.59	85.22	临界超载

对 27 个控制断面监测数据进行统计分析得出,河南省黄河流域水环境承载状态为临界超载状态。各省辖市中水环境承载力为未超载状态的有 4 个,占参与评价各省辖市总数的 50.0%;临界超载状态的省辖市 3 个,占比 37.5%;超载状态的省辖市 1 个,占比 12.5%。

11.2.4.2　枯水期评价结果

枯水期水环境承载力评价结果见表 11-9。

表 11-9　枯水期水环境承载力评价结果

归属地市	水质时间达标率/%	水质空间达标率/%	水环境承载力指数/%	承载状态
郑州市	87.50	100.00	93.75	未超载
洛阳市	66.67	83.33	75.00	临界超载
安阳市	50.00	100.00	75.00	临界超载
新乡市	62.50	75.00	68.75	超载
焦作市	100.00	100.00	100.00	未超载
濮阳市	100.00	100.00	100.00	未超载
三门峡市	80.00	100.00	90.00	未超载
济源示范区	95.00	100.00	97.50	未超载
河南省黄河流域	79.05	92.59	85.82	临界超载

对 27 个控制断面监测数据进行统计分析得出,河南省黄河流域枯水期水环境承载状态为临界超载状态。各省辖市中水环境承载力为未超载状态的有 5 个,占参与评价各省

辖市总数的62.5%;临界超载状态的省辖市2个,占比25.0%;超载状态的省辖市1个,占比12.5%。

11.2.4.3　平水期评价结果

平水期水环境承载力评价结果见表11-10。

表 11-10　平水期水环境承载力评价结果

归属地市	水质时间达标率/%	水质空间达标率/%	水环境承载力指数/%	承载状态
郑州市	87.50	100.00	93.75	未超载
洛阳市	87.50	100.00	93.75	未超载
安阳市	50.00	0	25.00	超载
新乡市	62.50	75.00	68.75	超载
焦作市	100.00	100.00	100.00	未超载
濮阳市	50.00	50.00	50.00	超载
三门峡市	80.00	80.00	80.00	临界超载
济源示范区	85.00	80.00	82.50	临界超载
河南省黄河流域	80.95	81.48	81.22	临界超载

对27个控制断面监测数据进行统计分析得出,河南省黄河流域平水期水环境承载状态为临界超载状态。各省辖市中水环境承载力为未超载状态的有3个,占参与评价各省辖市总数的37.5%;临界超载状态的省辖市2个,占比25.0%;超载状态的省辖市3个,占比37.5%。

11.2.4.4　丰水期评价结果

丰水期水环境承载力评价结果见表11-11。

表 11-11　丰水期水环境承载力评价结果

归属地市	水质时间达标率/%	水质空间达标率/%	水环境承载力指数/%	承载状态
郑州市	100.00	100.00	100.00	未超载
洛阳市	95.83	100.00	97.92	未超载
安阳市	25.00	0	12.50	超载
新乡市	25.00	25.00	25.00	超载
焦作市	100.00	100.00	100.00	未超载
濮阳市	37.50	50.00	43.75	超载
三门峡市	75.00	80.00	77.50	临界超载
济源示范区	80.00	100.00	90.00	未超载
河南省黄河流域	73.58	77.78	75.68	临界超载

对 27 个控制断面监测数据进行统计分析得出,河南省黄河流域丰水期水环境承载状态为临界超载状态。各省辖市中水环境承载力为未超载状态的有 4 个,占参与评价各省辖市总数的 50.0%;临界超载状态的省辖市 1 个,占比 12.5%;超载状态的省辖市 3 个,占比 37.5%。

11.3　基于多因素综合评价法的水环境承载力评价

11.3.1　评价方法

综合环境承载率和水质时空达标率的计算结果,按照表 11-12 的分级标准确定分级赋值,按照式(11-1)计算水环境承载力综合评价指数。

$$ECI = \sqrt[2]{CI \times R_c I} \tag{11-1}$$

式中　ECI——水环境承载力综合评价指数;

　　　CI——容量承载率 C 的分级赋值;

　　　$R_c I$——水质时空达标率承载力指数 R_c 的分级赋值。

表 11-12　水环境承载力综合评价指数及分级赋值

容量承载率 C	承载力指数 R_c	分级赋值
≤1	≥90%	1
(1,1.5]	[70%,90%)	3
>1.5	<70%	5

水环境承载力综合评价指数 ECI 的评价分级见表 11-13。

表 11-13　水环境承载力综合评价状态分级标准

ECI	状态分级
≤2	未超载
(2,4]	临界超载
>4	超载

11.3.2　赋值

按照表 11-12 的分级标准,11.1 节和 11.2 节各省辖市的承载状态进行分级赋值,见表 11-14。

表 11-14　水环境承载力综合评价状态分级

省辖市	承载率方法		水质时空达标率方法	
	容量承载率 C	分级赋值	承载力指数 R_c	分级赋值
郑州市	0.64	1	0.96	1
洛阳市	0.37	1	0.92	1
安阳市	10.96	5	0.71	3
新乡市	2.33	5	0.61	5
焦作市	0.63	1	1	1
濮阳市	2.54	5	0.81	3
三门峡市	0.6	1	0.79	3
济源示范区	0.91	1	0.93	1
河南省黄河流域	1.44	3	0.85	3

11.3.3　评价结果

按照式(11-1)计算水环境承载力综合评价指数,按照表 11-13 对水环境承载力状态进行分级,结果见表 11-15。

表 11-15　水环境承载力综合评价结果

省辖市	ECI 指数	承载状态
郑州市	1.00	未超载
洛阳市	1.00	未超载
安阳市	3.87	临界超载
新乡市	5.00	超载
焦作市	1.00	未超载
濮阳市	3.87	临界超载
三门峡市	1.73	未超载
济源示范区	1.00	未超载
河南省黄河流域	3.00	临界超载

11.4　结论与建议

(1)根据上述评价结果来看,3 种方法的评价结果基本一致,都能基本反映河南省黄河流域各省辖市的水环境承载状态。

（2）根据河南省黄河流域河流断面的水质时空达标率，流域水环境承载力总体呈临界超载状态，枯水期、平水期、丰水期三期的水环境承载力均呈临界超载状态。

（3）根据水环境容量承载率计算结果，在 2020 年、2025 年水质目标下，河南省黄河流域均处于弱超载状态，在 2035 年水质目标下，河南省黄河流域均处于中超载状态。

第12章　基于SWAT模型的伊洛河水环境容量核算

12.1　伊洛河流域概况

12.1.1　自然地理

12.1.1.1　地理位置

伊洛河是黄河三门峡以下最大的一级支流,主要由伊河、洛河两大河流水系构成。洛河为干流,伊河是洛河第一大支流,由于流域面积占洛河的1/3,远远超过其他支流,又相对自成一个流域和水系,故习惯上常把伊河、洛河两条河流并称伊洛河。伊洛河也称洛河,古称雒水,常与黄河一起并称为"河洛"。

伊洛河流域位于东经109°17′~113°10′,北纬33°39′~34°54′,流域西北面为秦岭支脉崤山、邙山;西南面为秦岭山脉、伏牛山脉、外方山脉,与丹江流域、唐白河流域、沙颍河流域接壤。洛河发源于陕西省华山南麓,流经陕西省的蓝田县、洛南县、华县、丹凤县4县(市)和河南省的卢氏、灵宝、栾川、陕县、渑池、偃师、洛阳、巩义等17个县(市),在河南省巩义市神堤村注入黄河,干流全长446.9 km(陕西省境内111.4 km,河南省境内335.5 km),流域面积18 881 km²(陕西省境内3 064 km²,河南省境内15 817 km²);支流伊河发源于河南省栾川县陶湾镇三合村的闷墩岭,干流全长264.88 km,流域面积6 100多km²,在偃师顾县镇杨村与洛河汇合。

12.1.1.2　地形地貌

伊洛河流域地势总体是自西南向东北逐渐降低,海拔高度自草链岭的2 645 m降至入黄河口的101 m。由于山脉的分割,形成了中山、低山、丘陵、河谷、平川和盆地等多种自然地貌和东西向管状地形。在总面积中,山地9 890 km²,占52.38%;丘陵7 488 km²,占39.66%;平原1 503 km²,占7.96%,故称"五山四岭一分川"。

12.1.1.3　河流水系

1. 伊河

伊河发源于河南省栾川县陶湾镇三合村闷墩岭,干流长264.88 km,平均比降5.9‰,为洛河的一级支流。伊河可划分为上游、中游、下游三段。上游段,河源—嵩县陆浑;中游段,陆浑—洛阳龙门镇;下游段,龙门镇—偃师杨村。

伊河长度在3 km以上的支流有76条,流域面积在200 km²以上的支流有5条,全部在河南省境内。

2. 洛河

洛河发源于陕西省华山南麓,干流全长446.9 km。其中,陕西省境内河长111.4 km,

平均比降 8.2‰;河南省境内河长 335.5 km,平均比降 1.8‰。根据自然地形、河床形态、行洪情况,洛河干流划分为上游、中游、下游三个河段。上游段,河源—洛宁县长水;中游段,洛宁县长水—偃师杨村;下游段,偃师杨村—入黄河口。

洛河流域长度在 3 km 以上的支流有 272 条,其中陕西省境内 108 条,河南省境内 164 条;流域面积在 200 km² 以上的支流有 11 条,其中陕西省境内 5 条,河南省境内 6 条。

12.1.1.4　气候特征

伊洛河流域属暖温带山地季风气候,冬季寒冷干燥,夏季炎热多雨。伊洛河谷地和附近丘陵年均气温在 12~15 ℃,最冷 1 月在 0 ℃左右,最热 7 月在 25~27 ℃,山区气温垂直变化明显。流域内日照时数为 2 098.5~2 350 h,无霜期达 187~239 d。流域全年平均风速 1.6~3.2 m/s,冬季多西北风,夏季多偏东风。

流域内年降水量为 600~1 000 mm。由于山地对东南、西南暖湿气流的屏障作用,年降水量自东南向西北减少,伏牛山一带多年平均降水量在 900 mm 以上,熊耳山和秦岭一带多年平均降水量在 800 mm 以上。同时,年降水量随地形高度的增加而递增,山地为多雨区,河谷及附近丘陵为少雨区,位于上述山地间的河谷地,多年平均降水量约 700 mm。降水量年际、年内分布不均,7~9 月降水量占全年的 50% 以上,年最大降水量为年最小降水量的 2.2~4.9 倍。

流域年水面蒸发量在 800~1 000 mm。受地形影响,洛河上游山区蒸发量小,水面蒸发量约 800 mm;中游年蒸发量约 900 mm;下游年蒸发量大,约 1 000 mm。

12.1.1.5　土壤植被

1. 土壤

伊洛河流域土壤类型主要有棕壤土、褐土、潮土和水稻土等四类。由于流域地形条件、气候条件变化较大,且受区域成土母质差异的影响,流域土壤分布具有明显的垂直地带性特征。

棕壤土主要分布在海拔 800 m 以上的山区,成土母质主要为酸性岩类及硅质岩类等,土层薄,腐殖质较多,肥力好。褐土主要分布在海拔 300~800 m 的丘陵山坡和阶地区,成土母质多为红黄土或酸性泥质岩及钙质岩残坡积物,在不同的条件下形成的主要土种有山地褐土、淋溶褐土(红黏土)、碳酸盐褐土(白面土)、典型褐土(立黄土)等,土层一般厚而疏松,熟化程度高,保水保肥适中,耕性良好,有机质含量在 0.75% 左右。潮土是发育在洪积扇下缘和河流沉积物上,受地下水影响而形成的土类,主要分布在伊洛河河川两岸、平川及冲积平原区,成土母质为河流冲积物,土层厚度一般在 0.5 m 左右,土壤肥沃,大部分疏松易耕,保水保肥性能好。水稻土是人们长期耕种熟化下形成的土类,经过长期的人为破坏,除面积较小的河谷平原和中山地区土壤有机质含量较高以外,绝大多数地方土壤有机质含量低,理化性很差,土壤瘠薄,保水保肥能力低,水土流失严重。

2. 植被

伊洛河流域位于半湿润针叶阔叶林植被区,植被以天然次生林和人工林为主,仅在深山有少量原始森林分布。由于受生态环境多样性的影响,流域植被条件有较大差异。山地区植被状况较好,森林覆盖率可达到 34.2%,郁闭度 0.5~0.7。该区分布有神灵寨、花果山、龙峪湾、天池山及郁山等国家森林公园,林种主要有以华山松、油松为主的针叶林和以桦、杨、栎为主的阔叶林;此外,还有零星分布的以苹果、山楂为主的经济林。丘陵区部分区域岩石裸露,荒山荒坡面积较大,成片林地较少,且主要为人工林,植被覆盖率很低。近20年来,随着水土保持工作开展,该区大力营造水土保持林、薪炭林,保护次生林和人工林,植被覆盖面积有所增加,该区现状森林覆盖率为23.4%。河川区以农田林网、农桐间作林、经济林和四旁植树为主,主要树种有杨树、泡桐、刺槐、臭椿、楝、侧柏等。

12.1.2 社会经济概况

12.1.2.1 人口

伊洛河流域涉及陕西、河南两省的6个地市21个县(市),其中宜阳、洛宁2个县全部位于伊洛河流域,洛南、义马、偃师、栾川、洛阳市辖区及伊川6县(市)80%以上部分位于伊洛河流域,其余13个县(市)位于伊洛河流域部分低于80%。

截至2020年底,伊洛河流域总人口624万,其中城镇人口419万,城镇化率为67%。流域有超过100万人口的特大城市洛阳以及巩义、栾川、偃师、义马、新安等河南工业强县(市)。全流域人口密度为330人/km²。

12.1.2.2 经济发展

伊洛河流域工业行业门类较多,已形成先进制造业、电力能源工业、铝及铝深加工业、石化工业、钼钨钛及硅工业等六大优势产业。金堆城钼矿驰名国内外,探明储量列全国钼矿床之首,伴生有铼、硒、硫,探明钼储量属特大型,铜为中型,硫为大型。据统计,2020年伊洛河流域国内生产总值达到4 506亿元,人均国内生产总值7.22万元,伊洛河流域三产结构为6∶48∶46。

12.1.3 生态环境状况

12.1.3.1 水资源

根据1956—2000年45年系列水资源评价成果,伊洛河流域多年平均水资源总量为32.31亿m³,其中地表水资源量为29.47亿m³,占水资源总量的91.2%;地下水资源量与地表水资源量不重复计算的水量为2.84亿m³,占水资源总量的8.8%。

从干支流水资源总量分析,洛河水资源总量约为22.06亿m³,占伊洛河流域多年平均水资源总量的68.3%;伊河水资源总量为10.25亿m³,占伊洛河流域多年平均水资源总量的31.7%。从分省区统计,河南省水资源总量为25.66亿m³,陕西省水资源总量为6.65亿m³,分别占水资源总量的81.3%和18.7%。

伊洛河黑石关断面近10年河川天然流量24.24亿m³,较1956—2000年均值28.33亿m³减少了4.09亿m³,减少约14.4%。其变化主要是受地下水开采、水面增多及特枯年份出现等的综合影响。

12.1.3.2 水环境

根据《2016—2020河南省生态环境质量报告书》,伊洛河水质级别为优,有5处断面水质级别优于Ⅱ类,占断面总数的56%;从断面水质年变化趋势来看,水质总体呈转好的趋势。洛河大桥、洛宁长水、高崖寨水质级别为优,经洛阳市区后白马寺、伊洛河汇合处至巩义七里铺,水质级别均为良好(见表12-1)。

表 12-1　伊洛河流域 2016—2020 年国家级考核断面水质级别状况

断面名称	2016 年	2017 年	2018 年	2019 年	2020 年
高崖寨	Ⅱ	Ⅱ	Ⅱ	Ⅱ	Ⅱ
洛河大桥	Ⅱ	Ⅱ	Ⅱ	Ⅱ	Ⅱ
洛宁长水	Ⅱ	Ⅱ	Ⅱ	Ⅱ	Ⅰ
洛阳白马寺	Ⅳ	Ⅳ	Ⅲ	Ⅲ	Ⅲ
龙门大桥	Ⅱ	Ⅱ	Ⅱ	Ⅱ	Ⅱ
栾川潭头	Ⅱ	Ⅱ	Ⅱ	Ⅲ	Ⅲ
七里铺	Ⅳ	Ⅳ	Ⅲ	Ⅳ	Ⅲ
偃师伊洛河汇合处	Ⅳ	Ⅳ	Ⅲ	Ⅲ	Ⅲ
渑池吴庄	Ⅴ	Ⅳ	Ⅳ	Ⅲ	Ⅳ

12.1.3.3　水生态

伊洛河流域地处秦岭、伏牛山、崤山及黄土高原、黄淮海平原的衔接地带,属暖温带向北亚热带过渡区域,环境类型复杂多样,生物多样性较丰富,是黄河中游地区重要的生态区域。

伊洛河内共有鱼类 4 目 8 科 36 种,其中鲤科鱼类占绝大多数,是最大的优势种群;其次为鳅科鱼类。从鱼类分布上,洛河陕西省内河段尚未开发,基本保持着天然状态,其内鱼种类明显多于其他河段,且保存着干流较大的鱼类产卵场地;上游河段受水电开发影响,鱼类生境多有破坏;中游河段开发严重,鱼类生境破坏严重,近年来,由于保护力度加强,部分河段鱼类生境略有恢复;下游入黄口河段有黄河下游重要的鱼类产卵场。伊河上游水电开发较多,河道阻隔严重,鱼类生境破坏严重;中下游河段受人类影响,鱼类生境破坏严重。如五龙水电站,还应提出补救措施,直至较好维持该电站所处河段河流连通性,最大程度地减缓对水生态的影响。

12.1.3.4　水土流失

根据全国第二次土壤侵蚀遥感调查成果,伊洛河流域水土流失面积为 6 322.91 km²,占流域总面积的 33.49%。其中,中度以下侵蚀面积 4 402.35 km²,占水土流失面积的 69.63%;强烈以上侵蚀面积 1 920.56 km²,占水土流失面积的 30.37%。

流域内土壤侵蚀类型有水力侵蚀和重力侵蚀,以水力侵蚀为主,水土流失形式主要包括面蚀、沟蚀。流域内不同区域水土流失特点不同。石质丘岭主要分布于流域西南部的洛河、伊河上游,该区岩石裸露,冲沟发育,水力侵蚀严重,水土流失面积为 2 679.27 km²,占全流域水土流失面积的 42.37%,多年平均侵蚀模数为 2 500～3 500 t/km²。黄土丘岭分布于流域中游,由浅山和丘陵组成,该区山岭起伏,沟壑纵横,植被覆盖率低,尤其坡耕地和开矿、修路弃渣表面,在汛期暴雨条件下,水土流失严重,水土流失面积 2 279.56 km²,占全流域水土流失面积的 36.05%,多年平均侵蚀模数为 3 000～4 500 t/km²。伊洛河中下游为冲积平原,由河谷和一、二级阶地组成,主要包括河南省的宜阳、洛阳、偃师、巩义等县(市),该区由于人为活动频繁,受耕作影响,常发生细沟状面蚀等,水土流失面积 1 364.08 km²,占全流域水土流失面积的 21.57%,多年平均侵蚀模数为 1 000 t/km² 左右,水土流失轻微。

12.2　水质模型原理

12.2.1　SWAT 模型简介

12.2.1.1　模型的特点

SWAT(soil and water assessment tool)是由美国农业部农业研究中心开发的流域尺度模型。开发 SWAT 的目的是在具有多种土壤、土地利用和管理条件的复杂流域,预测长期土地管理措施对水、泥沙和农业污染物的影响。为了满足这一目标,模型有以下特点:

(1)基于物理过程。SWAT 需要流域内天气、土壤性质、地形、植被和土地管理措施的详细信息,而不是通过回归方程描述输入输出变量的关系。与水运动、泥沙运动、作物生长、营养物循环等相关的物理过程在 SWAT 中使用输入数据直接模拟。

这种方法的优点包括:

①在没有监测资料(例如河流测站数据)的流域也可以进行模拟。

②不同输入数据(例如管理措施的变化、气候、植被等)对水质或其他变量的相对影响可以定量化。

(2)采用易于获取的输入数据。虽然 SWAT 模型可以模拟十分专业化的过程,如细菌输移等,但是运行模型所需的最少数据可以较容易地从政府部门得到。

(3)有计算效率。模拟较大流域和不同管理措施效果,不需要过多的时间和金钱的投入。

(4)使用户可以研究长期影响。目前关注的许多问题,包括污染物的累积和对下游水体的影响等,研究这类问题,需要模型运行输出数十年的结果。

SWAT 为时间连续模型,即长期模型。模型不是为详细单一事件洪水演算而设计的。

12.2.1.2　模型的发展历程

SWAT 模型融合了 ARS 几个模型的特点,是从 SWRRB(Simulator for Water Resources in Rural Basins)模型(Williams 等,1985;Arnold 等,1990)直接演化而来的。对 SWAT 的发展产生巨大贡献的模型包括 CREAMS(Chemicals, Runoff, and Erosion from Agricultural Management Systems)(Knisel,1980)、GLEAMS(Ground water Loading Effects on Agricultural Management Systems)(Leonard 等,1987)和 EPIC(Erosion-Productivity Impact Calculator)(Williams 等,1984)。

SWRRB 的发展从修改 CREAMS 模型的日降雨水文模型开始。对 CREAMS 水文模型的主要改变包括:①扩展模型,允许同时在几个子流域计算,以预测流域产水量;②添加了地下水和回归流模块;③添加了水库存储模块,以计算农田池塘和水库对水和泥沙产量的影响;④添加了考虑降雨、太阳辐射和气温的天气模拟模型,以帮助长期模拟并提供时间上和空间上典型的天气;⑤改进了预测径流峰值的方法;⑥添加了 EPIC 模型的作物生长模型,以考虑植物生长的年变化;⑦添加了简单的洪水演算模型;⑧添加了泥沙输移模块,以模拟泥沙在池塘、水库、河道和山谷中的运动;⑨添加了输送损失计算。

20 世纪 80 年代末,模型的应用主要集中于水质评价,SWRRB 的发展反映出了这一点。这一时期 SWRRB 的主要修改包括:①添加了 GLEAMS 模型的杀虫剂迁移转化模块;②SCS 估算径流峰值技术可选项;③新开发的泥沙产量模型。这些修改扩展了模型的能力,以处理不同的流域管理问题。

20 世纪 80 年代末,美国印第安事务局(BIA)需要一个模型来评价 Arizona 州和 NewMexico 州的印第安人保留地的水资源管理对下游的影响。虽然 SWRRB 可以容易地应用在几百平方千米的流域,但是美国印第安事务局想模拟几千平方千米的流域。对于这么大的流域,需要将其分为几百个子流域。然而 SWRRB 模型最多只能将流域划分为 10 个子流域,并且模型直接将子流域的产水和泥沙演算到流域出口。这些限制直接促成了 ROTO(Routing Outputs to Outlet)(Arnold 等,1995)模型的开发,其可以接收多个 SWRRB 模型的输出,并演算河道和水库中的水流。ROTO 提供了河道演算方法,并且通过"连接"多个 SWRRB 模型一起运行,克服了 SWRRB 模型的子流域数量限制。虽然这一方法是有效的,但是多个 SWRRB 文件的输入输出很烦琐,而且需要大量的计算机存储空间。此外,所有的 SWRRB 只能独立运行,然后输入到 ROTO 中,进行河道和水库演算。为了克服这些不便,SWRRB 和 ROTO 被整合在一起,称为 SWAT。在允许模拟大尺度流域的同时,SWAT 保留了 SWRRB 的所有优点。

自 SWAT 在 20 世纪 90 年代初诞生以来,经历了不断的回顾和扩展。模型主要的改进为:

SWAT94.2:引入多水文响应单元(HRUs)。

SWAT96.2:在管理措施中增加了自动施肥和自动灌溉;增加了植物冠层截留;在作物生长模型中引进了 CO_2 组件用来分析气候变化的影响;增加了 Penman-Monteith 潜在蒸散发方程;增加了基于动力存储模型的土壤中侧向流动的计算模块;增加了基于 QUAL2E 模型的河道营养物质方程,以及河道内杀虫剂演算。

SWAT98.1:改进了融雪演算模块、河道水质模块;扩展了营养物循环模块;在管理措施中增加了放牧、施肥和瓦沟排水等选项;修改模型以适用于南半球。

SWAT99.2:改进了营养物循环、水稻及湿地演算模块;增加了由于沉淀作用引起的水库、池塘、湿地中营养物去除的计算;增加了河道河岸水存储;增加了河道重金属演算;年份表示由二位改为四位;增加了 SWMM 模型的城市累积/冲刷方程和 USGS 回归方程。

SWAT2000:添加了 Green-Ampt 入渗模块;改进了天气发生器;允许太阳辐射、相对湿度和风速读入或生成;允许潜在的 ET 值的读入或计算;所有潜在 ET 方法的回顾;改进了高程带过程;允许模拟无数个水库;添加了马斯京根法汇流演算方法;修改了休眠计算,以适用于热带地区。

SWAT2009:改进了细菌输移演算;增加了天气预测方案;添加了亚日步长降水生成器;每日 CN 计算使用的保持率参数可能是一个土壤含水量或植物蒸腾的函数;更新植物过滤带模型;改进了硝酸盐和氨氮的干湿沉降的计算;模拟现场污水系统。

12.2.2　SWAT 模型基本原理

12.2.2.1　模型概览

SWAT 可以模拟流域大量不同的物理过程。

为便于模拟,流域可以分为若干子流域。模拟中子流域的应用是十分有用的,因为流域不同地区具有不同的土壤和土地利用特性,这些特性对水文过程有显著影响。通过将流域划分为子流域,用户可以在空间上引用不同的区域。

每一个子流域的输入信息可以分为以下几类:①气候;②水文响应单元或 HRU;③池塘/湿地;④地下水;⑤主河道、支流和子流域排水区。水文响应单元为子流域中具有唯一土地覆被、土壤和管理措施组合的集总单元。

无论采用 SWAT 研究任何问题,水量平衡是流域中任何过程的驱动力。为了准确预测杀虫剂、泥沙或营养物的运动,模型模拟的水文循环必须符合流域实际。

流域的水文模拟,可以分为两个主要部分。第一个为水文循环的陆地阶段,如图 12-1 所示。水文循环的陆地阶段控制着每个子流域进入主河道的水、泥沙、营养物和杀虫剂的量。第二部分为水文循环的河道演算阶段,可以定义为水、泥沙等在河道中运动至出口的过程。

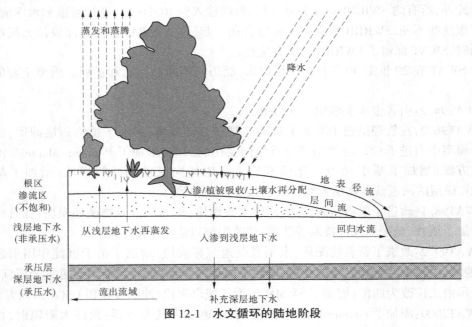

图 12-1　水文循环的陆地阶段

12.2.2.2　基本原理

1. 水文循环的陆地阶段

1) 水文

SWAT 模拟的水文循环基于水量平衡方程见 6.2.1 中式(6-1)。

对流域的划分使模型可以反映各种植被和土壤的蒸散发的区别。径流分别从各个 HRU 计算,并演算以得到流域总径流。这可以增加精度,更好地模拟水量平衡物理过程。

在降水降落过程中,可能被截留在植被冠层或者直接降落到土壤表面。土壤表面的水分将下渗到土壤剖面或者产生坡面径流。坡面径流的运动相对较快,很快进入河道,产生短期河流响应。下渗的水分可能滞留在土壤中,然后被蒸散发,或者通过地下路径缓慢地运动到地表水系统。SWAT 在 HRU 中模拟的水分运动潜在迁移路径见图 12-2。

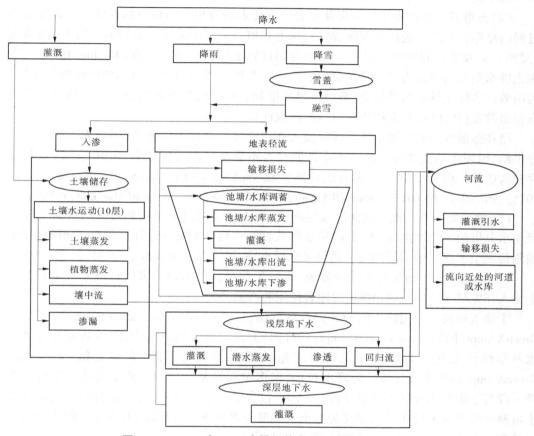

图 12-2　SWAT 在 HRU 中模拟的水分运动潜在迁移路径

(1)冠层存储。冠层存储指水分被植被冠层截留,并可以供蒸发使用。当采用 SCS 曲线数法计算地表径流时,冠层截留考虑在地表径流计算内。但是,如果采用 Green&Ampt 法计算下渗和径流,冠层存储必须单独模拟。SWAT 允许用户输入土地覆被在最大叶面积指数时的最大冠层存储水量。这一数值和叶面积指数被模型用来计算植被生长过程中的最大存储量。当计算蒸发时,首先去除冠层存储的水量。

(2)下渗。下渗指水分从土壤表面进入土壤剖面。持续的下渗,土壤湿度增加,使得下渗速率降低,直至达到一定稳态值。初始下渗速率,取决于土壤含水量,而不是土壤表层水的引入。最终下渗速率为土壤饱和导水率。因为曲线数方法以日为时间步长计算径流,不能直接模拟下渗。进入土壤剖面的水量计算为净雨和地表径流之差。Green&Ampt 法可以直接模拟下渗,但是需要更小时间步长的降水数据。

(3)再分配。再分配指水分进入土壤剖面(降水或灌溉)后的持续运动。再分配是由土壤剖面的水分含量差异引起的。一旦含水量在整个剖面是均一的,再分配将停止。SWAT 的再分配模块采用存储演算方法来预测计算根系区每个土壤层的水流。当土壤含水量超过土壤田间持水量,且下层土壤未饱和时,发生下降流或渗漏。水流速率由土壤饱和导水率决定。如果土壤层温度为 0 ℃或以下,该层将不发生再分配。

(4)蒸散发。蒸散发为所有促使地表或近地表的液相或固相中的水分变为大气水的过程的总称。蒸散发包括从河流、湖泊、裸土和植被表层的蒸发,与植物叶子内部的蒸发(蒸腾),以及冰面和雪面的升华。模型分别计算土壤和植被的蒸发(Ritchie,1972)。潜在土壤水蒸发的估算为潜在蒸散发(PET)和叶面积指数(叶片面积和 HRU 面积的比值)的函数。实际土壤水蒸发估算,采用土壤深度和含水量的指数函数计算。植物蒸腾采用潜在蒸散发(PET)和叶面积指数的线性函数计算。

潜在蒸散发(PET)被估计为区域被大面积植被完全且均匀覆盖(可以有无限土壤水分供给)时发生的蒸散发。这一速率被假设为不受微气候过程影响,如空气平流或热量存储效应等。模型提供了三种方法计算潜在蒸散发(PET):Hargreaves(Hargreaves 等,1985)、Priestley-Taylor(Priestley 和 Taylor,1972)和 Penman-Monteith(Monteith,1965)。

(5)地下侧向流。地下侧向流或层间流,为土壤表层以下至饱和带之间区域的河道径流水分供给。土壤剖面(0~2 m)的层间流计算与再分配同时进行。动力存储模型用来预测每一个土壤层中的层间流。模型考虑导水率、坡度和土壤含水量的变化。

(6)地表径流。地表径流或坡面流,为发生在坡面的水流。采用日或亚日步长的降水输入,SWAT 模拟每一个 HRU 的地表径流和峰值径流。

①地表径流量采用修正的 SCS 曲线数方法(USDA Soil Conservation Service,1972)或 Green&Ampt 下渗法(Green and Ampt,1911)计算。在曲线数方法中,曲线数随着土壤含水量非线性变化。曲线数在土壤含水量接近凋萎点时下降,在接近饱和时增加。Green&Ampt 法需要亚日步长的降水数据,根据湿润锋基质势和有效水力传导率计算下渗。没有下渗的水分变为地表径流。SWAT 包含了一个计算冻土径流的模块,当第一层土壤温度低于 0 ℃时土壤被定义为冻土。模型会增加冻土的径流,但在冻土较干时仍允许显著的下渗。

②峰值径流预测采用修正的合理性方程。简单地说,合理性方程基于这样一个思想,即如果降水在强度 i 即刻开始并无限持续,那么径流将会增加一直到汇流时间 t_c,此时所有的子流域的水流汇集到流域出口。在修正的合理性方程中,峰值径流速率为子流域汇流时间 t_c 内的降水量、日地表径流量和子流域汇流时间的函数。在子流域汇流时间 t_c 内发生的降水,根据日降水量采用随机方法估算。子流域汇流时间采用曼宁公式计算,考虑坡面和河道汇流。

(7)池塘。池塘为子流域中的水体存储,可以截留地表径流。池塘的汇流面积定义为子流域总面积的分数。池塘被假设为位于主河道之外的地区,并且不接收上游子流域来水。池塘水存储为池塘容量、日入流和出流、渗漏和蒸发的函数。需要的输入数据为存储容量和饱和容量时的池塘表面积。低于饱和容量时的表面积采用容量的非线性函数计算。

(8)支流河道。在子流域中定义了两种类型的河道:主河道和支流河道。支流河道为子流域中主河道上分叉的次要的低阶的河道。子流域中的每一个支流河道只在子流域的一部分排水,并不接收地下水供给。支流河道内的所有水流演算进入子流域主河道。SWAT 采用支流河道性质来决定子流域汇流时间。

输水损失为地表水流通过河床渗滤去除的水量,这种损失只发生在一年中某一时期有地下水供给或完全没有地下水供给的季节性河流或间歇性河流。SWAT 采用 SCS 水文手册第 19 章的 Lane 方法(USDA Soil Conservation Service,1983)估算输水损失。河道的水量损失为河道宽度、长度和水流时间的函数。支流河道发生输水损失时,需要调整总径流量和峰值径流。

(9)回归流。回归流或基流,为地下水对河道径流的补给。SWAT 将地下水分为两个含水层系统:向河道补给回归流的浅层非承压含水层和向流域外河流补给回归流的深层承压含水层(Arnold et al.,1993)。通过根系区底部渗漏的水分,分为两个部分:每一部分即成为不同含水层的补给水源。除了回归流,浅层含水层的水在十分干旱的条件下可以补充土壤剖面水分,或直接被植物吸收。浅层非承压含水层和深层承压含水层中的水也可以通过水泵抽取。

2)土壤侵蚀

侵蚀和泥沙产量采用修正通用土壤流失方程(MUSLE)(Williams,1975)对每一个 HRU 进行计算。USLE 将降雨作为侵蚀能量因子,MUSLE 采用径流来模拟侵蚀和泥沙产量。这种替代可以有以下好处:提高模型预测精度,不需要估计输移比,并且可以估计单次暴雨泥沙产量。水文模型可以估计径流量和峰值径流,与子流域面积结合,可以用来计算径流侵蚀能量。作物管理因子以日为单位计算,其为地表以上生物量、土壤表面残余物和最小植被 C 因子的函数。

3)营养物

SWAT 能追踪流域内几种形式的氮和磷的运动和转化。在土壤中,氮从一种形态到另一种形态的转化是由氮循环来控制的。土壤中磷的转化由磷循环控制。营养物可以通过地表径流和层间流进入河道,并在河道中向下游输移。

(1)氮。SWAT 在 HRU 中模拟的不同过程和不同土壤中的氮库,如图 12-3 所示。植物对磷的利用采用供给/需求方法估算,见植物生长章节。除了植物利用,硝酸盐和有机氮可以通过水的流动从土壤去除。地表径流、层间流和渗漏中的 NO_3-N 量根据水量和土壤层的硝酸盐平均浓度估算。有机氮随泥沙的输移,采用 McElroy 等(1976)开发并经 Williams 和 Hann(1978)修改的针对单一暴雨事件的负荷方程计算。负荷方程根据表层土壤中有机氮浓度、泥沙产量和富集系数来估算每日有机氮损失。富集系数为泥沙中有机氮浓度与土壤有机氮浓度之比。

(2)磷。SWAT 在 HRU 中模拟的不同过程和不同土壤中的磷库,如图 12-4 所示。植物对磷的利用采用供给/需求方法估算,见植物生长章节。除了植物利用,土壤中的溶解态磷和有机磷可以通过水的流动去除。磷不是易于移动的营养物,地表径流与表层 10 mm 土层中的溶解态磷的相互作用是不完全的。径流去除的溶解态磷采用表层 10 mm 土壤中溶解态磷浓度、径流量和分离系数来计算。磷随泥沙的输移采用与有机氮相似的负荷方程模拟。

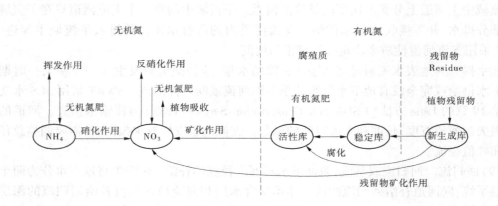

图 12-3　SWAT 模型中的氮循环示意图

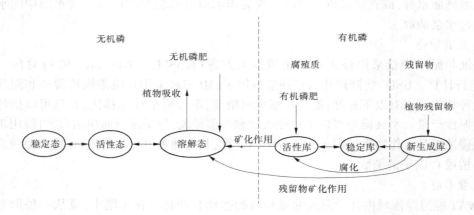

图 12-4　SWAT 模型中的磷循环示意图

2. 水文循环的演算阶段

一旦 SWAT 确定了进入主河道的水、泥沙、营养物和杀虫剂的负荷后,使用与 HYMO 相似的命令结构来演算通过河网的负荷(Williams 和 Hann,1972)。除了模拟河道中的物质流,SWAT 也模拟河道和河床中的化学物质的转化。图 12-5 为 SWAT 模拟的河道内不同过程。

1)主河道中的演算

主河道中的演算可以分为四个部分:洪水演算、泥沙演算、营养物演算和有机化学物质演算。

(1)洪水演算。随着水流向下游流动,一部分可能通过蒸发和河床输送而损失。另一个潜在的损失为农业或人类利用。水流可以通过直接降水和(或)点源排放而补充。通过主河道的水流采用变量存储系数法(Williams,1969)或 Muskingum 法演算。

(2)泥沙演算。河道中的泥沙输移有两个过程同时控制:沉积和冲刷。此前的 SWAT 版本采用河流能量来估算河道沉积和冲刷(Arnold 等,1995)。Bagnold(1977)定义了河流

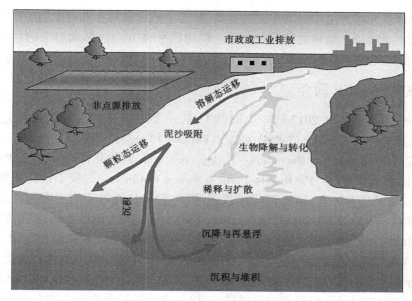

图 12-5　SWAT 模拟的河道内不同过程

能量为水密度、流速和水面比降的乘积。Williams(1980)使用 Bagnold 关于河流能量的定义发展了一个决定冲刷为河道坡度和速率的函数的方法。在 SWAT 的这个版本中,该方程被简化,河道最大输移泥沙量为河道峰值速率的函数。可利用的河流能量可以用来再挟带松散和沉积的物质,直到所有的物质被去除。过剩的河流能量可以造成河床的冲刷。河床冲刷根据河床可蚀性和覆被调整。

(3)营养物演算。河流中的营养物转化由河道内水质模块控制。SWAT 使用的河道内动力学,修改自 QUAL2E(Brown 和 Barnwell,1987)。模型追踪河道内溶解态营养物和吸附于泥沙的营养物。溶解态营养物与水一起输移,而吸附于泥沙的营养物则允许随泥沙沉积在河床。

2)水库中的演算

水库的水量平衡包括入流、出流、表面降水、蒸发、库底渗漏和调水。

(1)水库出流。模型提供了三个选择来估算水库出流。第一个选项允许用户输入实测出流。第二个选项为无控制的小水库设计,需要用户指定水排泄速率,当水库容量超过正常库容(正常蓄水位对应的库容),多余的水分以一定的速率排泄。超过防洪库容(防洪高水位对应的库容)的部分在一天内排泄。第三个选项为有管理的大水库设计,需要用户指定月目标水量。

(2)泥沙演算。入流泥沙可以来自上游河道或子流域地表径流。水库中的泥沙浓度采用简单的连续性方程,根据入流、出流的水量和浓度以及水库蓄水量估算。水库中的泥沙沉积由平衡泥沙浓度和泥沙颗粒中值计算。出流的泥沙量为水流量和排泄时水库泥沙浓度的乘积。

(3)水库营养物质。采用简单的氮磷物质平衡模型(Chapra,1997)。模型假设:①湖泊内物质是完全混合的;②磷为限制性营养物;③用总磷衡量湖泊营养状态。第一个假设忽略了湖泊分层和浮游生物在表水层的富集,第二个假设通常在非点源为主时成立,第三个假设指出了总磷和生物量之间存在关系。磷物质平衡方程包括湖泊中的磷浓度、流入浓度、流出浓度和总磷损失速率。

12.2.3　SWAT-CUP 简介

SWAT-CUP 是 SWAT 2012 的一个辅助工具,主要用于模型中参数的率定。参数率定中可供选择的算法有 SUFI-2、PSO、GLUE、ParaSol 和 MCMC 等。

SUFI-2 全称 Sequential Uncertainty Fitting version 2,其优化原理是通过 P-factor 和 R-factor 来衡量不确定性。PSO(全称 Particle Swarm Optimization,粒子群优化算法)是一种进化算法,从随机解出发,通过迭代寻找最优解,它也是通过适应度来评价解的优劣。GLUE(全称 Generalized Likelihood Uncertainty Estimation,极大似然不确定性估计方法),似然度函数的选择是优化的关键。ParaSol 方法将目标函数结合全局优化准则,利用复形重组(SCE-UA)算法使目标函数或全局优化准则最小,并选择两个统计概念之一来执行不确定性分析。ParaSol 中的目标函数是残差的平方和(SSQ)。MCMC(全称 Markov Chain Monte Carlo)是从随机行走中生成样本,以适应于后验分布。为避免长时间的预热(乃至无法后验分布收敛),马尔可夫链将从数值逼近开始,在 SCE 全局优化算法的协助计算下,得到后验分布极大值。

SWAT-CUP 主要对以下几个模块进行设置:

(1)Calibration Inputs。它包含了 4 个文件,其中 Par_inf. txt file 是输入需要优化的参数,并给定参数取值范围,可以是绝对值,也可以是相对值或替代值;SUFI2_swEdit. def 定义模拟期的起始日和结束日;File. cio 需要给出模拟的年数和预热期的数目(NYSKIP);Absolute_SWAT_Values. txt 需要给被拟合的参数加上它们的绝对最小和最大范围。

(2)Observation。包含 output. rch、output. hru 和 output. sub,分别用来输入河道、水文响应单元或子流域的实测数据。

(3)Extraction。有 2 类与 SWAT 输出文件 output. rch、output. hru 和 output. sub 对应的文件,即. txt 和. def 文件。

(4)Objective Function。包含 observed_rch. txt、observed_hru. txt 和 observed_sub. txt,用于设置观测值对应的子流域以及模拟起止时间和数据的尺度。Var_file_name. txt 是给出输出文件的名称。在 observed. txt 文件中,需要制定目标函数的类型,共 11 种目标函数,其中 1=mult(平方误差的乘积),2=sum(平方误差的加和),3=r2(决定系数),4=chi2(卡方 χ^2),5=NS(Nash-Sutcliffe 系数),6=br2(决定系数 R^2 与回归线系数的乘积 bR^2),7=ssqr,8=PBIAS,9=KGE,10=RSR,11=MNS。

(5)No Observation 部分是设计没有监测值的变量不确定性的提取和可视化。. txt 和. def 文件与 Extraction 部分的一样。95ppu_No_Obs. def 文件用来计算没有监测值的变量的 95ppu。

(6)Executable Files 部分在 SWAT-CUP 中担任引擎的角色。根据需要对 4 个批处理文件进行勾选运行。

在设置完上述文件后就可以进行校准。

12.3　模型数据获取与构建

12.3.1　模型数据获取来源

为满足 SWAT 模型构建需要,所需的数据有数字高程模型、土地利用类型图、土壤类型数据、气象数据、水文数据。所需的数据来源及基本信息如表 12-2 所示。

表 12-2　数据来源及基本信息

数据名称	数据来源	基本信息
数字高程模型	地理空间数据云	90 m 分辨率
土地利用类型图	中国科学院资源环境科学数据中心	1 000 m 分辨率
土壤类型数据	国家青藏高原科学数据中心	1 000 m 分辨率
气象数据	国家青藏高原科学数据中心	气象同化驱动模型数据集
水文数据	水利部黄河水利委员会黄河网	水文站流量
水环境监测数据		

12.3.2　模型参考数据库建立

SWAT 采用 5 个数据库存储与植物生长、城市土地特征、耕作工具、肥料成分和杀虫剂性质相关的信息。此外,模型还有用户天气发生器和土壤数据库。在最新的版本中,还增加了污水系统水质数据库,这个数据库包含了可以被添加进 SWAT 模型的不同类型污水系统的功能说明参数信息数据。

一般只需要建立用户天气发生器和土壤数据库。

12.3.2.1　用户天气发生器

SWAT 模型内建天气发生器。天气发生器要求输入流域的多年逐月气象资料,当流域内某些数据难以获得,天气发生器将根据事先提供的多年月平均资料来模拟每日的气象资料,因此该数据库要求的参数比较多,约为 160 个,主要包括月(日)均最高/最低气温(℃)、最高/最低气温标准偏差、月均总降水量(mm)、月(日)降水量标准偏差、月(日)降水量偏度系数、月内干日系数、月内湿日系数、月均降雨天数、月(日)均露点温度(℃)、月(日)均太阳辐射量[kJ/(m² · d)]、月(日)均风速(m/s)及最大半小时降水量(mm)。

SWAT 官网提供了 National Centers for Environmental Prediction (NCEP) Climate Forecast System Reanalysis(CFSR)全球天气数据,在提供 1979—2014 年期间的全球每日天气数据的同时,还提供了 CFSR 全球天气发生器数据库。本研究采用该数据库,提取构建研究区天气发生器数据库。

12.3.2.2 土壤数据库

土壤数据是模型构建所需要的重要参数,物理属性反映了每层土壤的结构和含水量,直接影响到水文响应单元的划分结果和后续的水文循环模拟。物理属性包括有机碳含量、地表反射率、电导率、土壤层结构、可蚀性因子等。在对中国研究区使用 SWAT 模型时,必须建立适用于当地的实际土壤数据库。模型默认数据库存储在软件安装根目录的 SWAT2012 数据库中,想要建立数据库,需要创建和 SWAT 模型要求完全一致的属性表,以 Excel 格式导入数据库中,用于替代默认数据 Usersoil。土壤数据库主要参数含义如表 12-3 所示。

表 12-3　土壤数据库主要参数含义

输入参数	参数定义
SNAM	土壤名称
NLAYERS	土壤分层数
HYDGRP	水文分组
SOL_ZMX	土壤剖面最大根系深度
ANION_EXCL	阴离子交换孔隙度
SOL_CRK	潜在或最大裂隙体积
TEXTURE	土壤层结构
SOL_Z	土壤表层到底层的深度
SOL_BD	土壤湿容重
SOL_AWC	土壤可利用的有效水
SOL_K	饱和水力传导系数
SOL_CBN	有机碳含量
CLAY	黏土含量百分比
SILT	粉土含量百分比
SAND	沙土含量百分比
ROCK	砾石含量百分比
SOL_ALB	地表反射率
USLE_K	可蚀性因子
SOL_EC	电导率

HWSD 土壤数据库地图范围为全国,裁剪得到数据库研究区图层。查看属性表可知

研究区内土壤类型代码,打开 HWSD 数据库的 Excel 数据表 HWSD_DATA,按代码对应可得各土壤类型的详细属性信息。

对照表中建立数据库所需的参数和输入顺序,MUID、SEQN、S5ID、CMPPT 字段对于模型运算无实际意义,可保持与默认数据库参数相同。SNAM(土壤名称)、NLAYERS(土壤分层数)、SOL_ZMX(土壤剖面最大根系深度)、SOL_CBN(有机碳含量)、CLAY(黏土含量百分比)、SILT(粉土含量百分比)、SAND(沙土含量百分比)、ROCK(砾石含量百分比)可由 HWSD_DATA 数据中直接读出;ANION_EXCL(阴离子交换孔隙度)、SOL_CRK(潜在或最大裂隙体积)取默认值 0.5;SOL_Z(土壤表层到底层的深度)由土壤层数决定,第一层土壤深度均为 300 mm,第二层土壤深度均为 1 000 mm,其他土壤层深度取 0;TEXTURE(土壤层结构)、SOL_BD(土壤湿容重)、SOL_AWC(土壤可利用的有效水)、SOL_K(饱和水力传导系数)四个参数可使用美国华盛顿州立大学开发的 SPAW 软件计算得到,通过输入四类土壤的百分比含量和有机质含量五个参数,以一组广义方程为内置的算法处理得到土壤的持水特性,前四种参数直接可得,有机质含量可由有机碳含量除以 0.58 得到。运算结果中的 Textureclass 对应字段 TEXTURE(土壤层结构),AvailableWater 对应字段 SOL_AWC(土壤可利用的有效水),Sat. HydraulicCond 对应字段 SOL_K(饱和水力传导系数),MatricBulkDensity 对应字段 SOL_BD(土壤湿容重)。软件操作界面如图 12-6 所示。

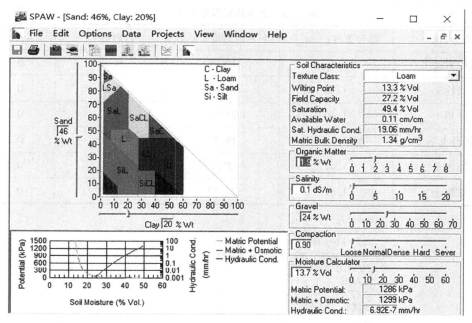

图 12-6　软件操作界面

HYDGRP(水文学分组)字段根据饱和水力传导率,将在相同气候和下垫面条件下,具有相似产流量的土壤划分为同一类,又以传导能力的强弱将其分为 A、B、C、D 等级,水文学分组如表 12-4 所示。

表 12-4 水文学分组

水文学分组	表层饱和水力传导率/(mm/h)	土壤最小下渗率/(mm/h)
A	>254.0	7.6~11.4
B	84.0~254.0	3.8~7.6
C	8.4~84.0	1.3~3.8
D	<8.4	0~1.3

USLE_K,即土壤可蚀性因子,它与土壤侵蚀阻力互为倒数。K 值与土壤抵抗侵蚀能力成反比,即 K 值越大,在其他地形和气候条件相同的情况下抗侵蚀能力越弱。一般土壤的侵蚀敏感性主要取决于土层结构,故土地利用的变化会影响土壤的理化性质,进而影响土壤的抗侵蚀能力。经过改进后的 USLE 方程仅需以有机碳含量和土壤中粒径的种类作为已知自变量输入,即可根据改良方程式计算得到土壤可蚀性 K 值。

综上所述,经过计算和整理得到研究区六种土壤类型的物理参数,并按照 SWAT 模型要求的格式建立表格输入数据库中,作为土壤数据库。为保证在 SWAT 模型构建时能正确地调用每种土壤信息,需要建立 TXT 格式的土壤索引表,将土壤数据库与土壤类型图相关联,土壤数据库重要参数见表 12-5、土壤类型索引表见图 12-7。

表 12-5 土壤数据库重要参数

土壤名称	湿容重/(g/cm³)	饱和水力传导系数	可蚀性因子	电导率
疏松岩性土	1.43	19.75	0.27	0.1
变性土	1.22	2.91	0.26	0.1
冲积土	1.40	21.21	0.30	0.1
高活性淋溶土	1.40	19.73	0.30	0.1
雏形土	1.41	25.2	0.26	0.1
黏磐土	1.41	24.77	0.28	0.1

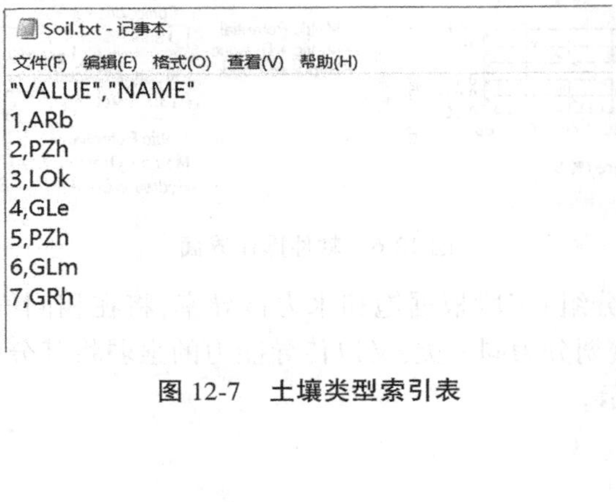

```
Soil.txt - 记事本
文件(F) 编辑(E) 格式(O) 查看(V) 帮助(H)
"VALUE","NAME"
1,ARb
2,PZh
3,LOk
4,GLe
5,PZh
6,GLm
7,GRh
```

图 12-7 土壤类型索引表

12.3.3　建模数据的获取与处理

12.3.3.1　数字高程模型数据

数字高程模型是构建 SWAT 模型所需的最基础数据。将 DEM 导入 SWAT 模型中可提取坡度、河网、高程等,据此可根据设置阈值划分子流域和 HRU。通过在地理空间数据云网站下载 90 m 分辨率的 DEM,经投影转换和裁剪后,得到研究区的数字高程图,如附图 2 所示。

12.3.3.2　土地利用图数据

土地利用类型体现了流域下垫面的组成,不同的土地利用数据会影响流域的下渗、蒸散发、径流等水文过程,流域的流量变化也会受到影响。为确保水文循环的正确模拟,土地分类数据十分重要。本书采用中国科学院资源环境科学数据中心提供的 1∶10 万的 2015 年中国土地利用现状遥感监测数据,以伊洛河流域边界对栅格数据进行裁剪,经投影转换后得到研究区土地利用类型图。若土地利用种类过多,不利于后续 SWAT 模型的构建和计算,参考数据自带的官方说明文档 LUCC 分类体系,在 ArcGIS 软件中使用重分类工具将全部二级类型重分类为六类一级地物,分别是耕地、林地、草地、水域、城乡建设用地、未利用土地。土地利用信息重分类表和伊洛河流域土地利用类型分布分别见表 12-6 及附图 3。

表 12-6　土地利用重分类信息

编号	地物分类	SWAT 代码	面积/km²	百分比/%
1	耕地	AGRL	8 105.02	43.16
2	林地	FRST	6 390.49	34.03
3	草地	PAST	3 021.54	16.09
4	水域	WATR	302.34	1.61
5	城乡建设用地	URBN	952.10	5.07
6	未利用土地	BARR	7.51	0.04

12.3.3.3　土壤图数据

不同的土壤数据因空间结构和颗粒比例不同,会导致水文响应单元的划分不同。土壤数据的质量直接影响到后续的模拟结果。因 SWAT 模型是由美国农业部开发,采用的是美国制土壤分类标准,故本书采用 HWSD 土壤数据库数据,由国际研究机构和联合国粮食及农业组织联合构建,包括中国区土壤数据。土壤分级标准和美国分级标准保持一致,无须额外转化。将 HWSD 中国区土壤数据根据流域边界进行裁剪,投影转换后获得研究区土壤类型图。伊洛河流域土壤类型信息和流域的土壤类型分布分别见表 12-7 及附图 4。

表 12-7　伊洛河流域土壤类型信息

HWSD 代码	土壤类型	面积占比/%
11394	疏松岩性土	62
11433	变性土	21
11483	冲积土	12
11858	高活性淋溶土	5
11871	雏形土	1
11876	黏磐土	1

12.3.3.4　气象数据

日尺度气象数据可以很好地反映流域的气候条件,对水文模拟的过程和结果十分重要,因此必须建立气象数据库。本书采用中国气象数据网的气象数据集,由于收集到的气象资料系列长度的制约,本次选取具有 30 年(1990—2019 年)系列长度逐日实测数据的 8 个站点建立气象数据库,气象站点分布如图 12-8 所示。提取对应站点的日降水量、气温、相对湿度、太阳辐射和风速五类数据,建立索引表,在模型构建到天气发生器界面时选取对应气象数据的 TXT 索引表文件,将气象数据导入模型中,索引表文件如图 12-9 所示。

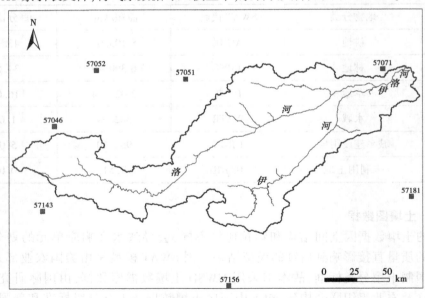

图 12-8　伊洛河流域气象站点分布

12.3.3.5　河流水文数据

本次获取的伊洛河水文站点有 8 个,系列长度为 1990—2019 年,时间尺度为日,其中用于本次模型率定的水文站点有 6 个,分别为东湾、龙门镇、卢氏、长水、白马寺、黑石关。上述水文站点的分布见图 12-10,各站点的基本信息见表 12-8。

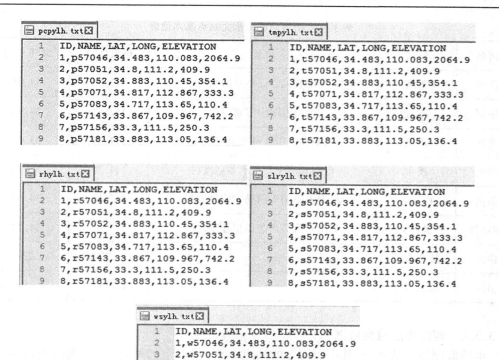

图 12-9　模型中各站点不同类型气象数据的引擎文件

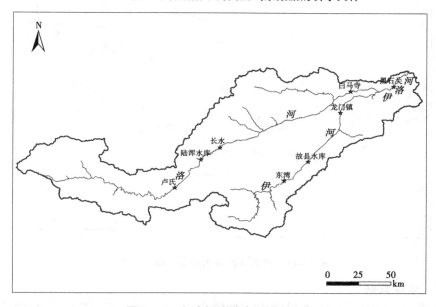

图 12-10　伊洛河流域水文站点分布

表 12-8　伊洛河流域水文站点基本信息

河名	站名	位置	东经/(°)	北纬/(°)
伊河	东湾	河南省嵩县德亭乡山峡村	111.98	34.05
伊河	龙门镇	河南省洛阳市龙门镇	112.47	34.55
洛河	卢氏	河南省卢氏县城关镇大桥头	111.07	33.05
洛河	长水	河南省洛宁县长水乡刘坡村	111.45	34.32
洛河	白马寺	河南省洛阳市白马寺镇枣园村	112.57	34.67
伊洛河	黑石关	河南省巩义市芝田镇益家窝村	112.93	34.72
伊河	陆浑水库		111.277 8	34.239 55
洛河	故县水库		112.184 5	34.194 06

12.3.3.6　河流水质监测数据

水质监测站点共 9 个,其中伊河上的站点 2 个,洛河上的站点 4 个,涧河上的站点 1 个,伊洛河(交汇后)的站点 2 个。各站点的分布见图 12-11。

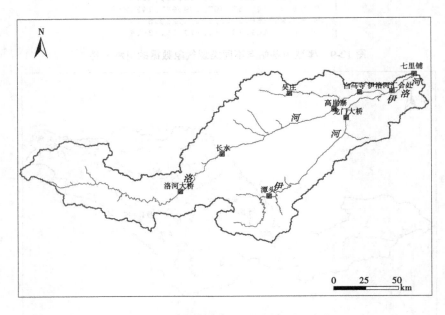

图 12-11　伊洛河流域水质监测断面分布

12.3.3.7　点源数据

伊洛河流域入河排污口数据从 2013—2018 年,主要监测数据包括流量、COD、氨氮、TP

浓度等数据,监测时段覆盖汛期和非汛期。根据入河排污口的分布特征(见图 12-12),各县区入河排污口的分布相对较为集中,本次模拟将每个县区的入河排污口均概化为 1 个点源。

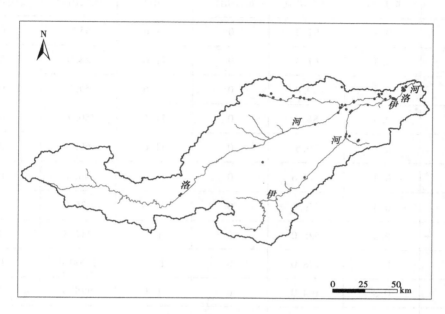

图 12-12　伊洛河流域主要入河排污口分布

12.3.3.8　水库

根据对陆浑水库和故县水库基础资料的分析,得到水库的特征参数,见表 12-9。另外,结合水库出流长系列资料的分析,得到水库的多年平均各月的最大和最小出流量,同时,结合对水库取用水资料的分析,得到故县水库和陆浑水库多年平均的取用水量,上述信息见表 12-10。两座水库各月出流量见表 12-11、表 12-12。由于两座水库的特征参数超出了 SWAT 模型数据库的范围,从而无法在水库数据库中写入基础信息,为此,对模型运行中生成的 SWAT2012. mdb 数据库中的 resrng 数据表中的 RES_ESA、RES_EVOL、RES_PSA、RES_PVOL、RES_VOL 等参数的最大取值范围进行了修改,修改后数据库信息见图 12-13。

表 12-9　故县水库和陆浑水库特征参数信息

参数	故县水库	陆浑水库
到达紧急溢洪道高程时的水面面积/hm²	51	52
到达紧急溢洪道高程时的库容/万 m³	117 500	132 000
到达正常溢洪道高程时的水面面积/hm²	41	44
到达正常溢洪道高程时的库容/万 m³	95 000	110 100

表 12-10　故县水库和陆浑水库取用水及出流量信息统计

月份	故县水库/万 m³			陆浑水库/万 m³		
	取用水	最大出流	最小出流	取用水	最大出流	最小出流
1	0.3	91.3	0	11.6	55.0	0
2	0.3	61.3	0	11.6	24.0	0
3	0.3	69.8	0	11.6	59.0	0
4	0.3	86.0	0	11.6	56.7	0
5	0.3	79.5	0	11.6	60.3	0
6	0.3	114.6	0	11.6	46.6	0
7	0.3	579.0	0	11.6	675.0	0
8	0.3	525.0	0	1.3	347.5	0
9	0.3	728.0	0	11.6	1 000.0	0
10	0.3	104.0	0	1.3	375.0	0
11	0.3	87.8	0	1.3	85.2	0
12	0.3	77.3	0	1.3	64.0	0

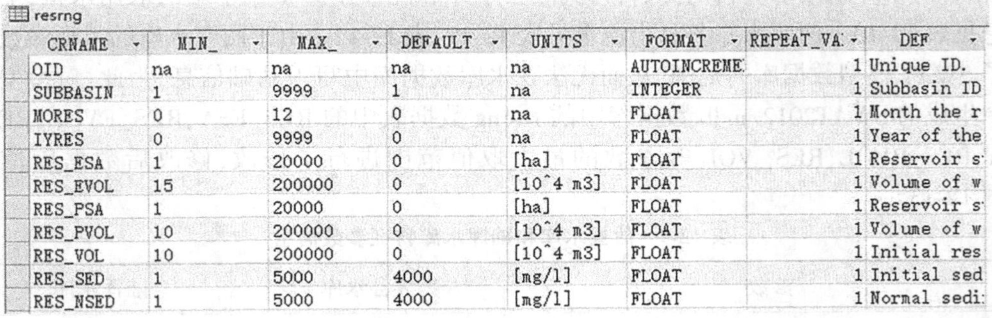

resrng

CRNAME	MIN_	MAX_	DEFAULT	UNITS	FORMAT	REPEAT_VA	DEF
OID	na	na	na	na	AUTOINCREME	1	Unique ID.
SUBBASIN	1	9999	1	na	INTEGER	1	Subbasin ID
MORES	0	12	0	na	FLOAT	1	Month the r
IYRES	0	9999	0	na	FLOAT	1	Year of the
RES_ESA	1	20000	0	[ha]	FLOAT	1	Reservoir s
RES_EVOL	15	200000	0	[10^4 m3]	FLOAT	1	Volume of w
RES_PSA	1	20000	0	[ha]	FLOAT	1	Reservoir s
RES_PVOL	10	200000	0	[10^4 m3]	FLOAT	1	Volume of w
RES_VOL	10	200000	0	[10^4 m3]	FLOAT	1	Initial res
RES_SED	1	5000	4000	[mg/l]	FLOAT	1	Initial sed
RES_NSED	1	5000	4000	[mg/l]	FLOAT	1	Normal sedi

图 12-13　resrng 数据表

表 12-11　故县水库 1990—2019 年各月出流量统计

单位：m^3/s

年份	1月	2月	3月	4月	5月	6月	7月	8月	9月	10月	11月	12月
1990	0	0	0	1.019	4.628	4.654	5.188	4.680	4.390	3.443	2.281	2.065
1991	1.845	0.922	0.540	1.866	0.648	0.678	5.502	9.835	0.415	0.526	0.561	0.521
1992	3.365	2.815	4.095	8.221	0	0	0	0	0	0	0	0
1993	4.670	12.471	9.036	3.443	21.264	34.253	16.049	9.338	12.457	0.983	0.436	1.458
1994	2.550	1.878	1.777	3.471	2.993	3.735	27.433	69.197	5.905	4.963	1.594	2.244
1995	1.845	0.922	0.540	1.866	0.648	0.678	5.502	9.835	0.415	0.526	0.561	0.521
1996	1.845	0.922	0.540	1.866	0.648	0.678	5.502	9.835	0.415	0.526	0.561	0.521
1997	1.845	0.922	0.540	1.866	0.648	0.678	5.502	9.835	0.415	0.526	0.561	0.521
1998	2.124	0.492	1.569	10.274	21.109	30.301	78.528	67.368	47.400	3.751	1.984	5.616
1999	1.845	0.922	0.540	1.866	0.648	0.678	5.502	9.835	0.415	0.526	0.561	0.521
2000	6.616	6.923	7.357	13.491	11.283	3.913	5.145	11.731	3.646	4.048	1.857	2.009
2001	1.845	0.922	0.540	1.866	0.648	0.678	5.502	9.835	0.415	0.526	0.561	0.521
2002	2.246	0.689	1.880	8.080	5.071	4.469	4.506	3.873	2.954	2.221	1.412	1.635
2003	1.267	1.498	2.220	4.797	2.915	2.147	6.951	29.352	213.700	156.806	17.003	7.895
2004	6.616	6.923	7.357	13.491	11.283	3.913	5.145	11.731	3.646	4.048	1.857	2.009
2005	3.365	2.815	4.095	8.221	0	0	0	0	0	0	0	0

续表 12-11

年份	1月	2月	3月	4月	5月	6月	7月	8月	9月	10月	11月	12月
2006	0	0	0	1.019	4.628	4.654	5.188	4.680	4.390	3.443	2.281	2.065
2007	2.550	1.878	1.777	3.471	2.993	3.735	27.433	69.197	5.905	4.963	1.594	2.244
2008	1.845	0.922	0.540	1.866	0.648	0.678	5.502	9.835	0.415	0.526	0.561	0.521
2009	4.670	12.471	9.036	3.443	21.264	34.253	16.049	9.338	12.457	0.983	0.436	1.458
2010	2.124	0.492	1.569	10.274	21.109	30.301	78.528	67.368	47.400	3.751	1.984	5.616
2011	4.720	1.359	0.814	7.048	4.783	13.575	8.083	7.257	199.245	25.656	29.036	38.899
2012	25.810	13.595	23.767	16.879	15.471	11.547	21.345	4.970	1.256	2.247	5.351	1.516
2013	1.899	1.702	1.804	4.093	5.649	27.096	37.365	27.953	9.636	0.772	0.463	0.526
2014	0.484	0.774	2.547	1.053	7.234	7.988	5.397	0.755	96.882	38.435	29.183	15.532
2015	17.109	7.057	5.560	35.245	27.425	12.018	12.288	4.560	2.114	0.830	3.690	2.007
2016	1.525	1.289	0.870	2.226	4.976	16.874	22.386	11.022	1.619	1.662	1.785	1.982
2017	1.446	1.395	1.203	3.521	3.267	2.784	1.104	1.780	4.568	53.714	36.303	5.686
2018	1.167	3.644	2.976	1.883	4.673	7.481	21.179	4.786	1.403	4.186	1.560	1.062
2019	1.145	0.558	3.833	1.946	1.802	1.478	1.229	4.474	10.455	11.924	1.457	4.047

表 12-12　陆浑水库 1990—2019 年各月出流量统计

单位:m³/s

年份	1月	2月	3月	4月	5月	6月	7月	8月	9月	10月	11月	12月
1990	0	0	0	0.3	35.9	9.8	9.1	17.4	14.3	9.8	5.8	12.8
1991	3.8	10.2	3.5	0.7	5.6	0.5	1.9	1.2	3.7	4.5	4.4	0.9
1992	31.5	12.9	3.4	0.3	0	0	0	0	0	0	0	0
1993	4.5	1.5	2.7	0.9	1.8	2.8	2.2	6.0	10.6	15.8	9.5	7.3
1994	7.6	7.2	17.0	3.9	3.7	3.6	19.0	35.9	43.6	17.3	12.0	8.8
1995	3.8	10.2	3.5	0.7	5.6	0.5	1.9	1.2	3.7	4.5	4.4	0.9
1996	3.8	10.2	3.5	0.7	5.6	0.5	1.9	1.2	3.7	4.5	4.4	0.9
1997	3.8	10.2	3.5	0.7	5.6	0.5	1.9	1.2	3.7	4.5	4.4	0.9
1998	4.1	9.0	5.7	8.6	32.6	41.2	144.2	129.3	115.1	26.2	18.1	3.6
1999	3.8	10.2	3.5	0.7	5.6	0.5	1.9	1.2	3.7	4.5	4.4	0.9
2000	27.1	4.6	18.9	18.1	9.1	1.1	8.6	34.7	23.1	11.6	19.6	30.5
2001	3.8	10.2	3.5	0.7	5.6	0.5	1.9	1.2	3.7	4.5	4.4	0.9
2002	4.9	4.0	1.1	0	1.4	4.1	5.6	4.9	5.6	3.0	3.7	0.7
2003	0.1	0.7	3.3	2.6	1.6	3.4	8.5	26.0	244.3	150.2	73.0	49.1
2004	27.1	4.6	18.9	18.1	9.1	1.1	8.6	34.7	23.1	11.6	19.6	30.5
2005	31.5	12.9	3.4	0.3	0	0	0	0	0	0	0	0

续表 12-12

年份	1月	2月	3月	4月	5月	6月	7月	8月	9月	10月	11月	12月
2006	0	0	0	0.3	35.9	9.8	9.1	17.4	14.3	9.8	5.8	12.8
2007	7.6	7.2	17.0	3.9	3.7	3.6	19.0	35.9	43.6	17.3	12.0	8.8
2008	3.8	10.2	3.5	0.7	5.6	0.5	1.9	1.2	3.7	4.5	4.4	0.9
2009	4.5	1.5	2.7	0.9	1.8	2.8	2.2	6.0	10.6	15.8	9.5	7.3
2010	4.1	9.0	5.7	8.6	32.6	41.2	144.2	129.3	115.1	26.2	18.1	3.6
2011	4.0	9.8	9.7	2.4	4.4	2.4	3.8	11.9	186.7	53.6	57.3	54.6
2012	36.1	20.8	16.8	17.6	33.1	5.0	15.0	14.1	46.5	17.7	17.1	10.3
2013	5.6	13.0	9.8	2.7	7.9	10.2	7.2	2.2	7.6	1.2	6.7	3.3
2014	1.0	4.2	5.4	1.5	3.2	0.2	0.4	1.4	23.1	11.3	8.9	6.5
2015	1.5	4.2	6.0	6.7	7.2	19.4	16.8	9.7	10.1	8.4	6.2	7.7
2016	5.8	5.8	7.8	4.5	4.8	6.3	16.3	8.9	12.0	10.3	10.2	11.3
2017	7.5	4.8	4.3	3.2	2.8	3.9	2.2	2.9	7.6	50.6	18.5	5.9
2018	7.1	9.9	14.1	46.1	26.6	42.9	14.6	5.8	8.5	8.3	10.2	9.5
2019	9.6	8.2	5.0	6.1	5.4	6.2	4.8	6.6	5.5	5.5	4.1	4.6

12.4 模型运行与率定

12.4.1 模型建立

12.4.1.1 子流域划分

分布式水文模型建模时首先要对流域特征信息进行提取,以便后续的划分和水文循环模拟。通常来说,作为研究区整体的流域面积较大,上中下游的地形地貌、土壤类型和气候可能存在差异,需要考虑到下垫面因素和气象因素对建模的影响。为减小模拟误差、增强精度,SWAT模型设定在运算之初就将整个流域划分为逐个小的计算单元,即子流域的划分。按河道的汇集点和定义的集水面积阈值将研究区划分为数个子流域,并参考所处位置的下垫面因素对流域的经纬度和高程进行计算。设定的集水面积阈值决定了划分得到的子流域个数和面积,设定的阈值越小,生成的子流域就越密集。

将伊洛河流域划分为55个子流域,子流域划分情况见图12-14和表12-13。

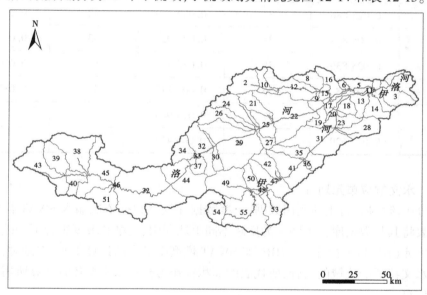

图12-14 伊洛河流域子流域划分情况

表12-13 伊洛河流域子流域划分统计

子流域编号	面积/万 km²	子流域编号	面积/万 km²	子流域编号	面积/万 km²
1	0.031 667	20	0.006 19	39	0.035 1
2	0.035 903	21	0.025 367	40	0.022 666
3	0.031 566	22	0.108 506	41	0.055 022
4	0.017 037	23	0.023 664	42	0.024 263

续表 12-13

子流域编号	面积/万 km²	子流域编号	面积/万 km²	子流域编号	面积/万 km²
5	0.019 695	24	0.038 521	43	0.066 633
6	0.005 002	25	0.024 734	44	0.070 257
7	0.000 362	26	0.042 788	45	0.069 907
8	0.021 138	27	0.011 524	46	0.000 162
9	0.003 058	28	0.037 035	47	0.041 189
10	0.017 583	29	0.115 053	48	0.002 754
11	0.001 513	30	0.014 096	49	0.060 740
12	0.050 375	31	0.080 658	50	0.019 076
13	0.027 191	32	0.047 263	51	0.035 178
14	0.023 886	33	0.000 149	52	0.151 531
15	0.008 834	34	0.026 023	53	0.035 420
16	0.025 839	35	0.035 431	54	0.020 455
17	0.006 388	36	0.003 177	55	0.087 833
18	0.017 615	37	0.015 943		
19	0.022 629	38	0.066 413		

12.4.1.2　水文响应单元划分

在划分子流域后,将土地利用数据、土壤数据和气象数据依次输入 SWAT 模型中,并通过索引表将其与数据库相关联。为反映不同土地利用、土壤和坡度组合下的差异,引入水文响应单元(HRU)进行计算。HRU 是 SWAT 模型中最小的计算单元,它是对有着相似下垫面和水文特征的流域的组合,所代表的面积仅作为模拟水文循环时计算所用,本身不存在属性信息。

HRU 的划分方式有两种:第一种方式是指定研究区内的某一类土地利用和土壤种类,同时设定一级的坡度,以这三者的特定组合展布到全流域,将每一个子流域都按此规则划分。该方法适用于下垫面情况较为单一且地形平坦的研究区。第二种方式是对土壤类型和坡度设置阈值,将小于该阈值的土壤和坡度所占面积都按比例分配到阈值之上的保留类型中,再与相应的土地利用类型组合生成 HRU。这种方式适用于下垫面情况复杂多变的研究区。

为更好地反映各类地物信息对于模拟结果的影响,本研究采用第二种方式划分 HRU。在对坡度设定阈值前,先使用 ArcGIS 工具箱中的坡度功能,对 DEM 数据进行坡度提取,故根据实际地理情况,在 SWAT 模型坡度分级设置中分为 2%、10%。将土地利用和土壤的划分设定为 10%,坡度的阈值设定为 2%进行叠加分析。小于该值的类型将被按比例分配给其他种类,最终将伊洛河流域划分为 583 个水文响应单元。

12.4.2　模型参数率定

12.4.2.1　参数敏感性分析

　　模型运行完毕后,为了检验建模结果的精确度,判断模拟数据是否适用于研究区,需要对 SWAT 模型进行率定和验证。由于 SWAT 属于综合性水文模型,设置的物理参数众多,每个参数的改变都可能对模拟结果产生影响,对模型率定之前应进行生态敏感性分析,确定对水文循环影响较大的参数,再根据率定类型对所需参数进行选取。本书选取伊洛河流域内水文站实测月径流数据与模拟径流数据对比进行验证,故应选择对径流模拟显著敏感的参数作为主要率定参数。选取专用于 SWAT 校准的 SWAT-CUP 软件对参数进行率定和验证。

　　将模型运行完毕生成的文件导入 SWAT-CUP 软件,因对径流模拟数据进行率定,根据相关研究选取对径流最为敏感的 16 个参数,使用软件的 SUFI-2 算法对参数敏感性分析,分析结果见表 12-14。

表 12-14　敏感性分析结果

序号	参数名称	所在文件	定义	敏感性参数
1	CN2	.mgt	SCS 径流曲线系数	7.864
2	GW_REVAP	.gw	地下水再蒸发系数	5.945
3	SLSUBBSN	.hru	平均坡长	5.937
4	RCHRG_DP	.gw	深蓄水层渗透系数	5.285
5	ALPHA_BF	.gw	基流消退系数	5.104
6	GWQMN	.gw	浅层地下水回流阈值	4.972
7	GW_DELAY	.gw	地下水滞后系数	4.782
8	CH_N2	.rte	主河道曼宁公式 N 值	4.727
9	EPCO	.hru	植物蒸腾补偿系数	4.709
10	REVAPMN	.gw	浅层地下水再蒸发系数	4.546
11	CANMX	.hru	最大冠层蓄水量	3.952
12	SOL_K	.sol	饱和水力传导系数	0
13	SOL_ALB	.sol	潮湿土壤反照率	0
14	SOL_Z	.sol	土壤深度	0
15	SOL_AWC	.sol	土壤可利用有效水量	0
16	SMTMP	.bsn	雪融最低气温	0

12.4.2.2 参数率定与验证

参数敏感性分析完成后,对径流模拟的影响参数进行率定和验证。输入 SWAT-CUP 软件中的参数有着初始取值范围,该值依据模型的运行结果验算而来,而率定即是依据实测数据与模拟数据对比,对参数进行优化,使得模拟值更贴近真实值,从而提升 SWAT 模型的模拟精度,使其更好地适用于研究区。而验证则是在软件根据率定结果给出最佳参数后,重新运行 SWAT 模型,依据验证期模拟值与实测值的拟合程度,对参数率定结果可信度进行评价。

本书选取线性相关系数 R^2 和纳什效率系数 NS 对 SWAT 模型对于伊洛河流域的模拟结果进行适用性评价。计算式为

$$R^2 = \frac{\left[\sum_{t=1}^{N}(y_t - \bar{y})(f_t - \bar{f})\right]^2}{\sum_{t=1}^{N}(y_t - \bar{y})^2 \sum_{t=1}^{N}(f_t - \bar{f})^2} \tag{12-1}$$

$$NS = 1 - \frac{\sum_{t=1}^{N}(y_t - f_t)^2}{\sum_{t=1}^{N}(y_t - \bar{y})^2} \tag{12-2}$$

式中 y_t ——实测值;

$\bar{y}$ ——实测平均值;

f_t ——模型模拟值;

$\bar{f}$ ——模拟平均值;

N ——数据个数。

线性相关系数 R^2 的取值范围为 [0,1],系数越接近 0,表明模拟值和实测值之间的相关性越弱,即模拟效果不够理想;系数越趋近 1,表明相关性越强。NS 能够很好地表现模拟值的可信度,即模拟值与实测值的拟合程度。NS 值取值范围为 $(-\infty \sim 1]$,越接近于 1,模拟结果的可信度越高;当 NS>0.75 时,可认为模拟值具有较高的可信度。将 R^2 和 NS 的评价值相结合,可对模型在整个流域的模拟精度进行评价。本书采用 Moriasi 等评价标准,认为 R^2>0.5 且 NS≥0.5 时,模型模拟精度能够满足要求。

选取黑石关、白马寺、龙门、长水、东湾、卢氏水文站所在的 1、16、20、30、47、52 号子流域进行参数率定,经过 10 次迭代,选取软件所给最佳参数并计算模拟性能参数,依据验证期的模拟效果和评价指标值,对 SWAT 模型在伊洛河流域的适用性进行评价。在 95% 置信区间下,模拟径流数据与实测值的拟合曲线如附图 5 所示,评价见表 12-15。

表 12-15 SWAT-CUP 模拟参数率定结果评价

子流域出口	p-factor	r-factor	R^2	NS	bR^2	MSE	SSQR	PBIAS	KGE
FLOW_OUT_1	0.07	0.06	0.64	0.56	0.395 9	2.10×10^3	7.60×10^2	36.9	0.52
FLOW_OUT_16	0.06	0.05	0.61	0.46	0.311 3	1.20×10^3	6.10×10^2	49.3	0.36

续表 12-15

子流域出口	p-factor	r-factor	R^2	NS	bR^2	MSE	SSQR	PBIAS	KGE
FLOW_OUT_20	0.11	0.05	0.48	0.47	0.267 7	$4.30×10^2$	$6.70×10$	8.2	0.63
FLOW_OUT_30	0.12	0.07	0.58	0.57	0.319 5	$2.70E×10^2$	$7.70×10$	0	0.64
FLOW_OUT_47	0.07	0.04	0.57	0.55	0.275 5	$3.10×10^2$	$1.20×10^2$	21.1	0.51
FLOW_OUT_52	0.06	0.04	0.63	0.51	0.222 5	$5.00×10^2$	$3.40×10^2$	12.9	0.39

SWAT 模型参数取值范围和最优取值见表 12-16。

表 12-16　SWAT 模型参数取值范围和最优取值

参数名称	最佳取值	最小值	最大值
V__CN2.mgt	67.52	35.56	91.14
V__ALPHA_BF.gw	0.80	0.23	1.07
V__GW_DELAY.gw	511.16	76.78	573.22
V__GWQMN.gw	4 047.79	1 941.18	7 558.82
V__RCHRG_DP.gw	0.23	−0.37	0.67
V__EPCO.hru	0.50	−0.27	0.79
V__REVAPMN.gw	304.34	79.40	470.60
V__GW_REVAP.gw	0.09	0	0.17
R__SOL_AWC.sol	0.70	−0.28	0.78
V__SLSUBBSN.hru	139.13	65.59	220.41
V__SMTMP.bsn	−3.20	−4.65	3.65
V__CANMX.hru	140.85	26.21	143.79
R__SOL_K.sol	−0.11	−0.14	1.04
R__SOL_Z.sol	0.16	−0.43	0.33
V__CH_N2.rte	0.22	0.09	0.37
R__SOL_ALB.sol	0.72	−0.25	0.75

12.4.3　水文模拟结果

根据模型参数率定结果,对控制断面处的流量进行模拟并输出,得到各断面的逐月流量情况,结果见表 12-17~表 12-21。

表 12-17　各控制断面流量模拟结果最小月平均流量统计结果

单位:m³/s

年份	吴庄	党湾	丽春桥	洛河大桥	故县水库	长水	高崖寨	涧河入伊洛河处	白马寺	伊河入洛河处(伊河)	陶湾	潭头	陆浑水库	龙门大桥	岳滩	伊河入洛河处(洛河)	伊洛河交汇处断面	七里铺
2002	0.003	0.316	0.268	0.816	0.500	0	0.142	0.044	0.103	0	0.178	1.429	1.783	2.524	2.475	2.441	2.728	2.737
2003	0.061	0.428	0.428	0.305	0.171	0.086	0.487	0.464	1.078	0.871	0.150	0.985	2.283	2.429	2.123	2.070	2.908	2.773
2004	0.379	1.170	1.153	2.722	2.846	2.114	4.293	4.156	5.175	4.791	0.262	1.998	1.740	3.690	4.256	4.206	9.030	8.942
2005	0.259	0.684	0.629	1.669	1.731	0.433	1.897	1.816	2.618	2.501	0.216	1.754	2.591	3.428	3.070	3.025	7.364	7.733
2006	0.255	0.589	0.507	3.319	3.683	2.833	2.956	2.777	2.971	2.670	0.217	1.555	1.963	2.886	2.642	2.579	5.253	5.165
2007	0.115	0.226	0.135	1.277	1.037	0.007	0.008	0	0.009	0.001	0.141	0.930	0.048	0.408	0.317	0.267	0.256	0.218
2008	0.112	0.177	0.116	1.537	1.381	0.161	0.039	0.027	0.037	0.044	0.163	1.233	0.148	0.342	0.172	0.142	0.217	0.419
2009	0.073	0.134	0.076	1.362	1.444	0.551	0.872	0.859	1.255	1.177	0.183	1.610	2.071	2.459	2.453	2.437	4.115	4.089
2010	0.131	0.230	0.168	3.403	3.522	3.158	3.998	3.973	4.418	4.425	0.196	1.517	1.140	1.644	1.907	1.874	8.287	8.281
2011	0.139	0.202	0.125	4.502	4.575	3.095	2.946	2.783	2.644	2.549	0.251	1.983	2.186	2.509	2.098	2.047	4.605	4.606
2012	0.463	1.080	1.030	4.641	5.134	3.646	5.450	5.294	6.112	5.751	0.286	2.176	2.253	3.400	3.336	3.282	9.039	9.056
2013	0.276	0.491	0.425	3.177	3.379	2.697	3.345	3.243	3.557	3.150	0.202	1.789	1.903	3.119	3.157	3.151	6.789	6.595
2014	0.085	0.131	0.058	2.505	2.459	1.431	1.289	1.193	1.272	1.253	0.103	0.516	0.004	0.017	0.050	0.004	1.412	1.823
2015	0.294	0.786	0.802	4.268	4.578	4.494	6.412	6.405	7.269	7.195	0.136	0.969	1.148	2.437	2.307	2.282	10.860	10.970
2016	0.267	0.772	0.730	3.253	3.456	2.539	4.206	4.150	4.898	4.640	0.069	0.226	0.470	1.372	1.286	1.242	5.855	5.720
2017	0.187	0.617	0.553	3.187	3.084	2.279	2.338	2.199	2.513	1.691	0.121	0.773	0.936	1.877	1.963	1.907	4.911	3.660
2018	0.255	0.735	0.635	3.640	4.048	3.944	4.229	4.012	4.131	3.342	0.259	2.363	3.061	5.000	5.707	5.666	13.100	13.580
2019	0.159	0.365	0.301	2.102	2.052	1.283	1.043	0.929	1.163	0.643	0.148	1.184	0.304	0.905	1.116	1.070	2.191	2.108

表 12-18　各控制断面流量模拟结果月平均流量统计结果

单位:m³/s

年份	吴庄	党湾	丽春桥	洛河大桥	故县水库	长水	高崖寨	涧河入伊洛河处（涧河）	白马寺	伊河入洛河处（伊河）	陶湾	潭头	陆浑水库	龙门大桥	岳滩	伊河入洛河处（洛河）	伊洛河交汇处断面	七里铺
2002	0.251	1.119	1.200	2.792	2.834	2.446	3.865	3.842	5.193	5.096	0.885	8.062	11.530	13.459	13.991	13.963	19.171	19.367
2003	1.438	4.442	4.948	11.185	13.202	15.349	25.339	25.567	31.797	32.246	1.033	9.361	15.674	22.074	24.826	24.812	57.669	59.744
2004	0.796	2.166	2.245	5.287	6.301	6.976	12.036	12.027	14.516	14.433	0.694	6.135	11.022	14.838	15.809	15.781	30.424	31.018
2005	0.779	1.981	2.142	15.143	16.066	16.449	20.882	20.901	23.401	23.369	0.648	5.808	10.282	13.542	14.459	14.435	38.005	38.512
2006	0.424	1.052	1.110	7.857	8.233	8.120	10.152	10.113	11.294	11.122	0.419	3.903	6.770	8.613	8.980	8.952	20.142	20.202
2007	0.833	1.585	1.652	6.333	7.177	7.696	11.354	11.346	13.134	13.056	1.046	9.227	14.315	16.502	16.902	16.874	30.014	30.186
2008	0.298	0.635	0.699	3.343	3.503	3.267	4.057	4.023	4.751	4.577	0.762	6.950	9.903	10.860	10.933	10.906	15.503	15.431
2009	0.428	1.051	1.159	10.232	10.586	10.742	12.376	12.360	13.657	13.496	0.509	4.713	9.638	12.459	12.757	12.733	26.280	26.308
2010	0.685	1.367	1.461	16.112	16.905	17.597	20.603	20.585	22.183	22.030	1.833	16.781	28.090	31.660	32.000	31.979	54.074	54.185
2011	1.861	4.510	4.955	16.093	18.763	21.150	32.536	32.728	38.782	39.052	0.979	8.893	16.136	22.398	24.699	24.689	64.245	65.872
2012	0.837	1.963	2.091	10.264	11.398	12.246	17.316	17.319	19.712	19.697	0.783	7.105	11.073	13.828	14.617	14.590	34.464	34.952
2013	0.377	0.856	0.887	6.304	6.600	6.271	7.925	7.870	8.761	8.574	0.333	2.978	5.137	6.995	7.225	7.196	15.811	15.806
2014	0.799	2.831	3.136	12.792	13.876	14.673	20.459	20.565	24.448	24.605	0.374	3.242	5.495	9.627	11.376	11.356	36.322	37.483
2015	1.034	2.328	2.560	7.437	8.749	10.019	15.358	15.406	18.444	18.453	0.188	1.631	3.611	6.477	7.455	7.433	26.104	26.692
2016	0.609	2.691	3.010	10.876	11.515	11.835	16.514	16.618	20.402	20.551	0.310	2.643	4.698	8.802	10.443	10.422	31.340	32.522
2017	1.020	1.805	1.859	13.151	14.500	15.450	20.204	20.156	22.087	21.885	0.861	7.722	12.504	14.758	15.188	15.157	37.128	37.222
2018	0.696	2.286	2.516	7.360	8.016	8.195	12.377	12.417	15.430	15.433	0.398	3.759	6.140	9.379	10.606	10.578	26.279	27.048
2019	0.568	2.090	2.312	6.646	7.253	7.452	11.157	11.201	14.008	14.038	0.294	2.586	3.644	6.420	7.588	7.558	21.846	22.560

表 12-19　丰水年各控制断面流量模拟月平均流量统计结果

单位:m³/s

断面名称	年份	1月	2月	3月	4月	5月	6月	7月	8月	9月	10月	11月	12月
吴庄	2011	0.233	0.258	0.263	0.196	0.178	0.140	0.139	0.293	16.320	0.978	2.624	0.712
党湾	2011	0.495	0.562	0.502	0.312	0.535	0.202	0.228	6.058	33.652	2.484	6.813	2.272
丽春桥	2011	0.479	0.570	0.496	0.257	0.525	0.125	0.164	7.000	36.850	2.784	7.731	2.474
洛河大桥	2010	3.403	4.467	4.117	15.730	6.871	6.505	74.490	34.620	26.860	6.419	5.260	4.598
故县水库	2011	4.957	6.741	8.737	4.575	6.544	6.234	7.835	5.985	131.800	18.150	12.240	11.360
长水	2011	4.712	6.482	8.022	3.095	5.489	4.326	7.502	6.614	158.700	19.990	16.760	12.110
高崖寨	2011	5.791	7.336	8.272	4.064	3.986	2.946	8.094	14.910	255.200	28.620	30.820	20.390
洛河入伊洛河处	2011	5.756	7.307	8.167	3.986	3.798	2.783	7.998	15.360	257.200	28.570	31.510	20.300
白马寺	2011	6.179	7.866	8.462	4.203	3.878	2.644	7.917	24.790	302.400	32.240	41.260	23.550
伊河入伊洛河处(伊河)	2011	6.034	7.684	8.129	4.244	2.890	2.549	7.302	25.330	304.700	33.730	40.370	25.660
陶湾	2010	0.219	0.233	0.252	0.631	0.275	0.196	13.340	2.815	3.031	0.424	0.301	0.276
潭头	2010	2.074	2.128	2.374	5.950	2.537	1.517	121.800	23.700	30.170	3.927	2.724	2.472
陆浑水库	2010	3.023	3.664	3.500	10.500	4.856	1.140	196.700	45.440	54.920	5.814	3.989	3.535
龙门大桥	2010	3.721	4.303	3.985	16.180	5.949	1.644	210	53.640	64.240	7.114	4.834	4.313
岳滩	2010	3.889	4.343	3.861	17.740	6.015	1.907	205.300	56.080	68.030	7.604	4.929	4.306
伊河入伊洛河处(洛河)	2010	3.872	4.329	3.841	17.740	5.958	1.874	205.300	56.060	68.020	7.570	4.899	4.280
伊洛河交汇处	2011	10.750	12.930	12.490	6.848	12.480	4.605	11.080	72.170	461.900	51.480	72.180	42.030
七里铺	2011	10.610	12.710	12.450	7.046	11.080	4.606	9.995	74.180	473.200	55.560	72.350	46.680

表 12-20　平水年各控制断面流量模拟月平均流量统计结果

单位:m³/s

断面名称	年份	1月	2月	3月	4月	5月	6月	7月	8月	9月	10月	11月	12月
吴庄	2012	0.535	0.535	0.812	0.802	0.518	0.463	1.306	2.439	1.012	0.576	0.550	0.494
党湾	2015	0.786	0.803	1.964	5.274	0.962	1.413	0.836	1.054	2.311	8.726	2.637	1.171
丽春桥	2015	0.802	0.816	2.129	6.066	0.968	1.575	0.847	1.055	2.588	9.519	3.133	1.220
洛河大桥	2014	2.899	5.104	2.748	6.430	8.079	2.505	12.400	17.060	73.940	9.921	7.083	5.340
故县水库	2014	3.154	5.212	2.994	6.489	8.342	2.459	11.780	17.070	83.660	11.900	7.589	5.860
长水	2003	0.633	1.926	1.240	2.027	4.353	0.086	3.467	9.956	102.800	45.990	7.387	4.329
高崖寨	2014	4.319	6.004	4.151	8.658	9.120	1.289	8.753	15.100	148.100	21.510	9.940	8.565
涧河入伊洛河处	2014	4.306	6.010	4.152	8.689	8.987	1.193	8.575	14.920	150.100	21.380	9.924	8.549
白马寺	2010	4.563	5.028	4.418	19.710	6.524	6.816	90.840	56.050	49.450	10.270	7.014	5.514
伊河入洛河处（伊河）	2010	4.584	4.779	4.425	18.720	7.079	6.653	86.760	57.390	51.250	10.430	6.996	5.297
陶湾	2002	0.227	0.202	0.196	0.178	0.271	0.573	0.273	2.114	5.029	1.071	0.270	0.221
潭头	2002	2.059	1.789	1.703	1.429	2.640	6.037	2.828	18.300	45.670	9.634	2.572	2.081
陆浑水库	2017	2.776	1.969	1.462	1.980	0.936	0.956	2.405	4.237	66.560	56.630	6.455	3.680
龙门大桥	2004	6.574	7.862	6.270	4.318	4.028	3.690	25.280	58.390	29.840	15.390	8.077	8.341
岳滩	2004	7.260	8.496	7.050	4.751	4.261	4.256	22.460	64.240	30.290	18.740	8.809	9.096
伊河入洛河处（洛河）	2004	7.252	8.479	7.008	4.701	4.206	4.232	22.420	64.210	30.260	18.720	8.795	9.090
伊洛河交汇处	2017	13.900	14.580	11.840	9.595	11.490	17.830	5.766	4.911	137.000	181.600	23.560	13.460
七里铺	2014	8.045	11.160	8.250	17.220	11.330	1.823	6.302	11.730	289.500	50.470	17.840	16.130

表12-21　枯水年各控制断面流量模拟月平均流量统计结果

单位：m³/s

断面名称	年份	1月	2月	3月	4月	5月	6月	7月	8月	9月	10月	11月	12月
吴庄	2005	0.409	0.404	0.351	0.315	0.298	0.260	0.259	0.365	2.805	3.063	0.441 9	0.375 3
党湾	2005	1.206	1.195	1.005	0.862	0.972	0.684	0.757	1.451	6.42	7.071	1.150 1	1.003 6
丽春桥	2005	1.242	1.232	1.012	0.841	1.007	0.629	0.741	1.773	7.342	7.701	1.168	1.014
洛河大桥	2009	1.362	1.505	2.989	1.579	21.800	17.090	16.850	22.230	18.31	5.151	9.002	4.918
故县水库	2009	1.444	1.606	2.935	1.483	21.800	17.520	16.160	22.100	20.89	6.029	9.778	5.287
长水	2009	1.087	1.681	2.344	0.551	23.430	16.220	14.800	23.670	22.33	6.759	10.75	5.282
高崖寨	2015	6.412	6.891	9.840	19.790	12.750	9.400	9.018	16.980	22.28	43.56	17.94	9.433
涧河入伊洛河处	2015	6.405	6.865	9.846	20.130	12.630	9.386	8.914	16.920	22.26	43.94	18.13	9.445
白马寺	2015	7.269	7.738	12.110	28.190	13.500	10.920	9.964	17.500	25.51	55.19	22.55	10.89
伊河入洛河处（伊河）	2015	7.195	7.740	11.360	29.110	13.470	9.660	10.780	15.660	26.53	54.43	24.07	11.43
陶湾	2004	0.304	0.420	0.315	0.283	0.274	0.262	0.310	3.445	1.349	0.613 4	0.365 1	0.393 2
潭头	2004	2.821	3.708	2.855	2.322	2.134	1.998	2.400	30.660	11.35	6.411	3.355	3.607
陆浑水库	2005	5.520	4.749	4.683	3.016	3.071	2.591	9.915	21.980	36.57	21.96	5.373	3.958
龙门大桥	2002	4.401	3.575	3.772	2.524	15.870	10.130	8.163	23.390	64.23	15.48	4.798	5.18
岳滩	2002	4.850	3.874	4.209	2.475	20.460	8.449	9.093	22.200	65.27	16.14	5.364	5.51
伊河入洛河处（洛河）	2002	4.832	3.851	4.181	2.441	20.440	8.415	9.036	22.170	65.24	16.11	5.324	5.51
伊洛河交汇处	2004	15.880	17.030	15.600	10.060	9.030	9.379	36.280	87.640	63.12	63.27	19.09	18.71
七里铺	2004	16.300	17.050	16.270	10.470	8.942	9.054	34.270	91.260	59.87	69.74	19.63	19.36

12.5　水环境容量测算

12.5.1　测算思路与方法

本书以《全国水环境容量核定技术指南》为主要依据,结合伊洛河河流特征,按照河流的规模选用河流一维模式计算各单元水环境容量,见式(8-8)。利用 SWAT 模型模拟得到近 18 年(2002—2019 年)的流量、流速等结果,确定设计水文条件,建立容量计算模型,确定参数,测算化学需氧量 COD、氨氮、总磷等主要污染物环境容量。

12.5.2　控制单元划分

12.5.2.1　控制断面确定

伊洛河流域河南部分共 15 个水质控制断面,其中国控断面 13 个(含省控断面 9 个)、市控断面 2 个。按河流分布来看,伊河上有 4 个国控断面(含 3 个市控断面),洛河上有 5 个国控断面(含 4 个省控断面),伊洛河上有 3 个国控断面(含 2 个省控断面),涧河上有 1 个国控断面和 2 个市控断面。按行政区分布来看,三门峡市有 2 个国控断面,郑州市有 1 个国控断面(同时为省控断面),其他 12 个均位于洛阳[含 8 个国(省)控断面、2 个国控断面和 2 个市控断面]。

各控制断面的基本情况和位置分布见表 12-22 和图 12-15。

12.5.2.2　控制单元划分结果

按照表 12-22 中的水质控制断面将伊洛河水系划分为 18 个河段控制单元,其中涧河 3 个河段控制单元、洛河 7 个河段控制单元、伊河 6 个河段控制单元、伊洛河 2 个河段控制单元。详细划分情况如表 12-23、图 12-16 所示。

12.5.3　设计条件

12.5.3.1　计算情景设计

本书采用四种不同情景方案核算水环境容量。具体设置条件如表 12-24 所示。

12.5.3.2　设计流量

根据 SWAT 模型模拟的流量参数统计结果,多年系列逐月设计流量见表 12-25,多年系列设计月均流量采用 SWAT 模拟的 90% 保证率的最枯月流量以及近 10 年月平均流量,取二者较小值。典型年逐月设计流量见表 12-17～表 12-21。

12.5.3.3　设计流速

利用 SWAT 模型模拟得到的河道断面流速数据,根据设计流量找到对应的设计流速,伊洛河流域控制断面多年平均系列设计流速成果见表 12-26 和典型年逐月设计流速成果见表 12-27～表 12-29。

表 12-22　伊洛河流域水质控制断面基本情况

序号	断面名称	经度（°）	纬度（°）	所在地	断面类型	所在水体	2025 年水质目标	断面属性	断面考核	地市
1	吴庄	112.003 8	34.724 7	渑池县	河流	涧河	Ⅲ类	市界	国控	三门峡市
2	党湾	112.338 058 3	34.693 127 78	新安县	河流	涧河	Ⅲ类	涧河－新安县－城区交界	市控	洛阳市
3	丽春桥	112.412 097 2	34.650 033 33	涧西区	河流	涧河	Ⅲ类	涧河－城区－入河口	市控	洛阳市
4	洛河大桥	111.057 8	34.049 7	卢氏县	河流	洛河	Ⅱ类	入湖口	国控	三门峡市
5	故县水库	111.281 977 8	34.241 677 78	洛宁县	湖库	洛河	Ⅲ类	洛河－故县水库出口	国、省控	洛阳市
6	长水	111.417 722 2	34.306 461 11	洛宁县	河流	洛河	Ⅱ类	洛河－洛宁－入境	国、省控	洛阳市
7	高崖寨	112.370 244 4	34.596 752 78	宜阳县	河流	洛河	Ⅱ类	洛河－宜阳－城区交界	国、省控	洛阳市
8	白马寺	112.591 858 3	34.709 983 33	洛龙区	河流	洛河	Ⅲ类	洛河－城区－偃师交界	国、省控	洛阳市
9	陶湾	111.458 487 5	33.825 257 09	栾川县	河流	伊河	Ⅱ类		国控	洛阳市
10	潭头	111.795 269 4	33.995 111 11	栾川县	河流	伊河	Ⅱ类	伊河－栾川－嵩县交界	国、省控	洛阳市
11	陆浑水库	112.196 502 8	34.205 838 89	嵩县	湖库	伊河	Ⅲ类	伊河－陆浑水库出口	国、省控	洛阳市
12	龙门大桥	112.468 588 9	34.530 436 11	伊川县	河流	伊河	Ⅲ类	伊河－伊川－城区交界	国、省控	洛阳市
13	岳滩	112.775 087 4	34.684 040 24	偃师市	河流	伊河	Ⅲ类		国控	洛阳市
14	伊洛河汇合处	112.863 708 3	34.708 961 11	偃师市	河流	伊洛河	Ⅲ类	伊洛河－偃师－出境	国、省控	洛阳市
15	七里铺	113.058 497	34.826 61	巩义市	河流	伊洛河	Ⅲ类	伊洛河－偃师－出境	国、省控	郑州市

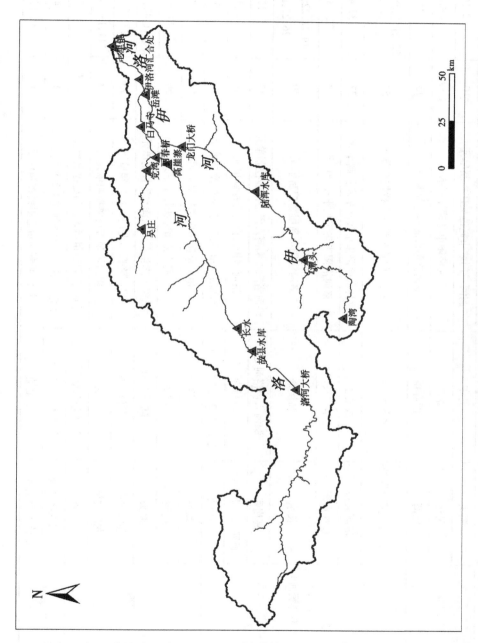

图 12-15　伊洛河流域水质控制断面分布

表12-23　伊洛河流域控制单元划分

控制单元编号	河流	起点	终点	控制单元名称	子流域编码	汇水子流域编码
1	涧河	源头	吴庄	涧河三门峡市渑池吴庄控制单元	10	2,10
2	涧河	吴庄	党湾	涧河洛阳市党湾控制单元	8+9	8,9,12
3	涧河	党湾	丽春桥	洛河洛阳市丽春桥控制单元	15	15
4	洛河（不含涧河）	陕西与河南交界处	洛河大桥	洛河三门峡市洛河大桥控制单元	52	52,省外:38,39,40,43,45,46,51
5		洛河大桥	故县水库	故县水库洛阳市故县水库控制单元	37	37,44
6		故县水库	洛宁长水	洛河洛阳市洛宁长水控制单元	32	32,33,34
7		长水	高崖寨	洛河洛阳市高崖寨控制单元	19	19,21,22,24,25,26,27,29,30
8		高崖寨	涧河入伊洛河处	洛河洛阳市涧河入伊洛河处控制单元	17	17
9		涧河入伊洛河处	白马寺	洛河洛阳市白马寺控制单元	6	6,16
10		白马寺	伊河入洛河处（洛河）	洛河洛阳市伊河入洛河处控制单元	5	5
11	伊河	源头	陶湾	伊河洛阳市陶湾控制单元	54	54
12		陶湾	潭头	伊河洛阳市潭头控制单元	50	49,50,55
13		潭头	陆浑水库	陆浑水库洛阳市陆浑水库控制单元	36	36,41,42,47,48,53
14		陆浑水库	龙门大桥	伊河洛阳市龙门大桥控制单元	23	23,28,31,35
15		龙门大桥	岳滩	伊河洛阳市岳滩控制单元	11	11,13,14,18,20
16		岳滩	伊河入洛河处（伊河）	伊河洛阳市伊河入洛河处控制单元	7	7
17	伊洛河	伊河入洛河处	伊洛河交汇断面	伊洛河洛阳市伊洛河交汇处控制单元	4	4
18	伊洛河	伊洛河交汇处	七里铺	伊洛河郑州市七里铺控制单元	1	1,3

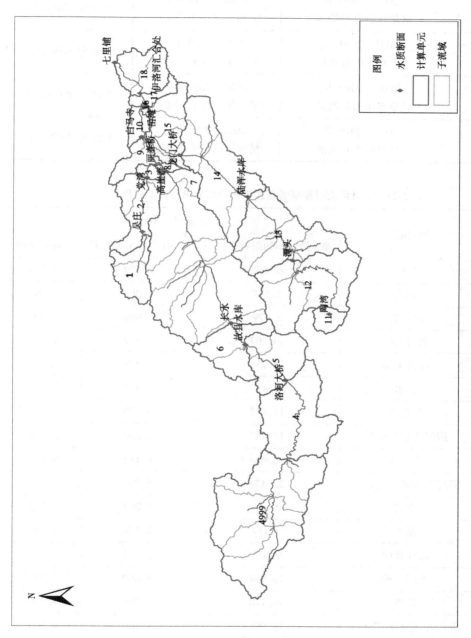

图 12-16　伊洛河流域控制单元划分示意

表 12-24　环境容量核算情景设计

情景类型	设计流量	设计流速	水质目标
情景 1	2002—2019 年， 18 年设计年平均流量	2002—2019 年， 18 年设计年平均流速	2025 年水质目标
情景 2	2002—2019 年， 丰水年内月流量	2002—2019 年， 丰水年内月平均流速	2025 年水质目标
情景 3	2002—2019 年， 平水年内月流量	2002—2019 年， 平水年内月平均流速	2025 年水质目标
情景 4	2002—2019 年， 枯水年内月流量	2002—2019 年， 枯水年内月平均流速	2025 年水质目标

表 12-25　伊洛河流域控制断面多年平均系列设计流量成果

子流域 编码	控制断面	设计流量/(m³/s)		
		90%保证率的最枯月流量	近 10 年月平均流量	二者较小值
10	吴庄	0.848	0.379	0.379
8+9	党湾	2.273	1.080	1.080
15	丽春桥	2.479	1.030	1.030
52	洛河大桥	10.703	4.502	4.502
37	故县水库	11.758	4.578	4.578
32	长水	12.489	3.944	3.944
19	高崖寨	17.445	5.450	5.450
17	涧河入伊洛河处	17.487	5.294	5.294
6	白马寺	20.426	6.112	6.112
5	伊河入洛河处(伊河)	20.432	5.751	5.751
54	陶湾	0.635	0.262	0.262
50	潭头	5.734	2.176	2.176
36	陆浑水库	9.653	2.591	2.591
23	龙门大桥	13.034	3.690	3.690
11	岳滩	14.120	4.256	4.256
7	伊河入洛河处(洛河)	14.096	4.206	4.206
4	伊洛河交汇处断面	34.761	10.860	10.860
1	七里铺	35.434	10.970	10.970

表 12-26　伊洛河流域控制断面多年平均系列设计流速成果

子流域编码	控制断面	设计流速/(m/s)
10	吴庄	0.038
8+9	党湾	0.108
15	丽春桥	0.103
52	洛河大桥	0.26
37	故县水库	0.27
32	长水	0.23
19	高崖寨	0.32
17	涧河入伊洛河处	0.31
6	白马寺	0.36
5	伊河入洛河处(伊河)	0.34
54	陶湾	0.03
50	潭头	0.22
36	陆浑水库	0.26
23	龙门大桥	0.37
11	岳滩	0.43
7	伊河入洛河处(洛河)	0.42
4	伊洛河交汇处断面	1.09
1	七里铺	1.10

12.5.3.4　降解系数

参考国内外相关研究,对于水质较好的河段,COD、氨氮、总磷的降解系数分别取值为 0.24/d、0.2/d、0.14/d;对于水质较差的河段,COD、氨氮、总磷的降解系数分别取值为 0.12/d、0.10/d、0.06/d。

12.5.3.5　初始浓度 C_0

根据上游紧邻控制单元的水质目标浓度值来确定 C_0,即上一个控制单元的水质目标值就是下一个单元的初始浓度值 C_0。计算区间是源头时,根据本河段水质现状与功能区目标综合确定 C_0。

12.5.4　环境容量计算结果

采用前述设计参数核算出各个情景下的水环境容量,计算结果如表 12-30 所示。

12.5.5　计算结果与传统方法结果对比

与第 3 章的传统方法 2025 年水质目标下的水环境容量结果对比见表 12-31,可以看出,在多年年平均流量、丰水年月平均流量、平水年月平均流量等计算情景下,与传统水环境容量核定方法得出的水环境容量结果相比,SWAT 模型法容量结果明显偏小。枯水年月平均流量情景下,与传统水环境容量核定方法得出的水环境容量结果则较为接近。

表 12-27　伊洛河流域控制断面丰水年设计流速成果

单位：m/s

断面	1月	2月	3月	4月	5月	6月	7月	8月	9月	10月	11月	12月
吴庄	0.023	0.026	0.026	0.020	0.018	0.014	0.014	0.029	1.632	0.098	0.262	0.071
党湾	0.049	0.056	0.050	0.031	0.054	0.020	0.023	0.606	3.365	0.248	0.681	0.227
丽春桥	0.048	0.057	0.050	0.026	0.052	0.013	0.016	0.700	3.685	0.278	0.773	0.247
洛河大桥	0.200	0.263	0.24	0.925	0.404	0.383	4.382	2.036	1.580	0.378	0.309	0.270
故县水库	0.292	0.397	0.51	0.269	0.385	0.367	0.461	0.352	7.753	1.068	0.720	0.668
长水	0.277	0.381	0.47	0.182	0.323	0.254	0.441	0.389	9.335	1.176	0.986	0.712
高崖寨	0.341	0.432	0.49	0.239	0.234	0.173	0.476	0.877	15.012	1.684	1.813	1.199
涧河入伊洛河处	0.339	0.430	0.48	0.234	0.223	0.164	0.470	0.904	15.129	1.681	1.854	1.194
白马寺	0.363	0.463	0.50	0.247	0.228	0.156	0.466	1.458	17.788	1.896	2.427	1.385
伊河入洛河处（伊河）	0.355	0.452	0.48	0.250	0.170	0.150	0.430	1.490	17.924	1.984	2.375	1.509
陶湾	0.022	0.023	0.03	0.063	0.028	0.020	1.334	0.282	0.303	0.042	0.030	0.028
潭头	0.207	0.213	0.24	0.595	0.254	0.152	12.180	2.370	3.017	0.393	0.272	0.247
陆浑水库	0.302	0.366	0.35	1.050	0.486	0.114	19.670	4.544	5.492	0.581	0.399	0.354
龙门大桥	0.372	0.430	0.40	1.618	0.595	0.164	21.000	5.364	6.424	0.711	0.483	0.431
岳滩	0.389	0.434	0.39	1.774	0.602	0.191	20.530	5.608	6.803	0.760	0.493	0.431
伊河入洛河处（洛河）	0.387	0.433	0.38	1.774	0.596	0.187	20.530	5.606	6.802	0.757	0.490	0.428
伊洛河交汇处	1.075	1.293	1.25	0.685	1.248	0.461	1.108	7.217	46.190	5.148	7.218	4.203
七里铺	1.061	1.271	1.25	0.705	1.108	0.461	1.000	7.418	47.320	5.556	7.235	4.668

表 12-28　伊洛河流域控制断面平水年设计流速成果

单位：m/s

断面	1月	2月	3月	4月	5月	6月	7月	8月	9月	10月	11月	12月
吴庄	0.054	0.054	0.081	0.080	0.052	0.046	0.131	0.244	0.101	0.058	0.055	0.049
党湾	0.079	0.080	0.196	0.527	0.096	0.141	0.084	0.105	0.231	0.873	0.264	0.117
丽春桥	0.080	0.082	0.213	0.607	0.097	0.158	0.085	0.106	0.259	0.952	0.313	0.122
洛河大桥	0.171	0.300	0.162	0.378	0.475	0.147	0.729	1.004	4.349	0.584	0.417	0.314
故县水库	0.186	0.307	0.176	0.382	0.491	0.145	0.693	1.004	4.921	0.700	0.446	0.345
长水	0.037	0.113	0.073	0.119	0.256	0.005	0.204	0.586	6.047	2.705	0.435	0.255
高崖寨	0.254	0.353	0.244	0.509	0.536	0.076	0.515	0.888	8.712	1.265	0.585	0.504
涧河入伊洛河处	0.253	0.354	0.244	0.511	0.529	0.070	0.504	0.878	8.829	1.258	0.584	0.503
白马寺	0.268	0.296	0.260	1.159	0.384	0.401	5.344	3.297	2.909	0.604	0.413	0.324
伊河入洛河处（伊河）	0.270	0.281	0.260	1.101	0.416	0.391	5.104	3.376	3.015	0.614	0.412	0.312
陶湾	0.023	0.020	0.020	0.018	0.027	0.057	0.027	0.211	0.503	0.107	0.027	0.022
潭头	0.206	0.179	0.170	0.143	0.264	0.604	0.283	1.830	4.567	0.963	0.257	0.208
陆浑水库	0.278	0.197	0.146	0.198	0.094	0.096	0.241	0.424	6.656	5.663	0.646	0.368
龙门大桥	0.657	0.786	0.627	0.432	0.403	0.369	2.528	5.839	2.984	1.539	0.808	0.834
岳滩	0.726	0.850	0.705	0.475	0.426	0.426	2.246	6.424	3.029	1.874	0.881	0.910
伊河入洛河处（洛河）	0.725	0.848	0.701	0.470	0.421	0.423	2.242	6.421	3.026	1.872	0.880	0.909
伊洛河交汇处	1.390	1.458	1.184	0.960	1.149	1.783	0.577	0.491	13.700	18.160	2.356	1.346
七里铺	0.805	1.116	0.825	1.722	1.133	0.182	0.630	1.173	28.950	5.047	1.784	1.613

表 12-29　伊洛河流域控制断面枯水年设计流速成果

单位：m/s

断面	1月	2月	3月	4月	5月	6月	7月	8月	9月	10月	11月	12月
昊庄	0.041	0.040	0.035	0.032	0.030	0.026	0.026	0.036	0.281	0.306	0.044	0.038
党湾	0.121	0.120	0.101	0.086	0.097	0.068	0.076	0.145	0.642	0.707	0.115	0.100
丽春桥	0.124	0.123	0.101	0.084	0.101	0.063	0.074	0.177	0.734	0.770	0.117	0.101
洛河大桥	0.080	0.089	0.176	0.093	1.282	1.005	0.991	1.308	1.077	0.303	0.530	0.289
故县水库	0.085	0.094	0.173	0.087	1.282	1.031	0.951	1.300	1.229	0.355	0.575	0.311
长水	0.064	0.099	0.138	0.032	1.378	0.954	0.871	1.392	1.314	0.398	0.632	0.311
高崖寨	0.377	0.405	0.579	1.164	0.750	0.553	0.530	0.999	1.311	2.562	1.055	0.555
涧河入伊洛河处	0.377	0.404	0.579	1.184	0.743	0.552	0.524	0.995	1.309	2.585	1.066	0.556
白马寺	0.428	0.455	0.712	1.658	0.794	0.642	0.586	1.029	1.501	3.246	1.326	0.641
伊河入洛河处（伊河）	0.423	0.455	0.668	1.712	0.792	0.568	0.634	0.921	1.561	3.202	1.416	0.672
陶湾	0.030	0.042	0.031	0.028	0.027	0.026	0.031	0.345	0.135	0.061	0.037	0.039
潭头	0.282	0.371	0.286	0.232	0.213	0.200	0.240	3.066	1.135	0.641	0.336	0.361
陆浑水库	0.552	0.475	0.468	0.302	0.307	0.259	0.992	2.198	3.657	2.196	0.537	0.396
龙门大桥	0.440	0.358	0.377	0.252	1.587	1.013	0.816	2.339	6.423	1.548	0.480	0.518
岳滩	0.485	0.387	0.421	0.248	2.046	0.845	0.909	2.220	6.527	1.614	0.536	0.551
伊河入洛河处	0.483	0.385	0.418	0.244	2.044	0.842	0.904	2.217	6.524	1.611	0.532	0.551
伊洛河交汇处	1.588	1.703	1.560	1.006	0.903	0.938	3.628	8.764	6.312	6.327	1.909	1.871
七里铺	1.630	1.705	1.627	1.047	0.894	0.905	3.427	9.126	5.987	6.974	1.963	1.936

表12-30 伊洛河流域各情景水环境容量成果

单位:t/a

河流	控制单元	水环境容量											
		情景1			情景2			情景3			情景4		
		COD	氨氮	总磷	COD	氨氮	总磷	COD	氨氮	总磷	COD	氨氮	总磷
涧河	涧河三门峡市渑池吴庄控制单元	1 521.2	51.2	5.3	5 379.3	124.9	8.2	918.6	33.9	4.0	1 660.8	54.0	5.4
	涧河洛阳市党湾控制单元	1 588.2	58.8	6.9	12 821.2	261.2	15.1	1 452.9	54.3	6.5	1 602.4	58.8	6.9
	洛河洛阳市丽春桥控制单元	315.7	12.7	1.7	554.4	19.2	2.1	299.9	12.2	1.6	310.2	12.5	1.7
	小计	3 425.1	122.6	13.9	18 754.8	405.2	25.5	2 671.4	100.3	12.2	3 573.4	125.3	13.9
洛河	洛河三门峡市洛河大桥控制单元	2 712.8	69.8	8.7	2 371.8	62.3	8.1	2 592.7	66.8	8.4	3 652.4	85.8	9.7
	故县水库洛阳市故县水库控制单元	982.7	26.4	3.5	906.7	24.7	3.4	949.1	25.6	3.4	1 050.6	27.8	3.6
	洛河洛阳市洛宁长水控制单元	514.9	14.0	1.9	487.8	13.4	1.8	249 471.2	1 292.5	17.3	576.5	15.2	2.0
	洛河洛阳市高崖寨控制单元	4 563.5	114.9	14.0	4 128.1	104.9	13.0	7 195.9	150.1	15.3	3 399.6	90.2	11.8
	洛河洛阳市涧河入伊洛河处控制单元	191.9	5.3	0.7	189.9	5.3	0.7	191.8	5.3	0.7	188.1	5.2	0.7
	洛河洛阳市白马寺控制单元	1 593.0	122.3	22.8	6 691.0	632.7	124.9	4 140.1	377.7	74.0	3 520.1	316.6	61.8
	洛河洛阳市伊河入洛河处控制单元	837.2	34.3	4.7	822.3	33.7	4.6	812.3	33.4	4.6	788.6	32.6	4.5
	小计	10 558.8	352.7	51.7	14 775.3	843.2	151.9	264 540.7	1 918.0	119.2	12 387.2	540.9	89.7

续表12-30

河流	控制单元	水环境容量											
		情景1			情景2			情景3			情景4		
		COD	氨氮	总磷	COD	氨氮	总磷	COD	氨氮	总磷	COD	氨氮	总磷
伊河	伊河洛阳市陶湾控制单元	619.7	14.3	1.5	517.3	12.1	1.3	607.2	13.8	1.5	455.9	11.1	1.3
	伊河洛阳市覃头控制单元	1 840.0	46.3	5.6	1 574.3	40.6	5.1	1 682.9	42.8	5.3	1 537.9	39.9	5.1
	陆浑水库洛阳市陆浑水库控制单元	1 882.0	98.7	3.7	5 802.2	500.6	3.5	3 632.0	260.5	3.9	2 871.1	212.9	3.4
	伊河洛阳市龙门大桥控制单元	1 138.8	45.8	17.7	1 074.9	43.6	106.8	1 025.7	42.0	52.8	1 052.9	42.9	48.3
	伊河洛阳市岳滩控制单元	898.0	36.5	4.9	868.4	35.5	4.8	836.0	34.4	4.7	855.9	35.1	4.8
	伊河洛阳市入洛河处控制单元	57.3	2.4	0.3	57.2	2.4	0.3	57.0	2.4	0.3	57.1	2.4	0.3
	小计	6 435.8	244.0	33.8	9 894.2	634.8	121.8	7 840.7	395.8	68.5	6 830.9	344.2	63.1
伊洛河	伊洛河洛阳市伊洛河交汇处控制单元	107.8	4.5	0.6	107.6	4.5	0.6	107.7	4.5	0.6	107.5	4.5	0.6
	伊洛河郑州市七里铺控制单元	554.0	22.9	3.2	549.8	22.8	3.2	561.7	23.2	3.2	545.8	22.7	3.2
	小计	661.8	27.4	3.8	657.4	27.3	3.8	669.4	27.7	3.8	653.3	27.1	3.8
合计		21 081.5	746.7	103.2	44 081.7	1 910.4	303.0	275 722.2	441.9	203.7	23 444.8	1 037.5	170.5

表 12-31　2025 年水质目标下 SWAT 模型与传统方法水环境容量结果对比

单位：t/a

方法	河流	多年平均			丰水年			平水年			枯水年		
		COD	氨氮	总磷	COD	氨氮	总磷	COD	氨氮	总磷	COD	氨氮	总磷
传统方法	涧河	1 901.96	138.54	14.25	3 850.34	280.46	28.84	1 894.78	138.02	14.19	934.62	68.08	7.0
	洛河	43 095.02	2 426.99	236.62	108 877.33	6 115.52	597.19	43 118.6	2 422.33	235.65	12 069.65	696.37	69.57
	伊河	18 783.98	1 249.42	78.31	59 465.81	3 959.4	247.77	18 972.76	1 257.61	76.31	4 888.3	318.39	16.71
	伊洛河	30 264.95	1 816.06	83.11	67 200.58	4 061.69	182.81	26 298.06	1 589.25	71.55	7 141.17	433.29	19.33
	合计	94 045.91	5 631.01	412.29	239 394.06	14 417.07	1 056.61	90 284.2	5 407.21	397.7	25 033.74	1 516.13	112.61
SWAT 模型法	涧河	3 425.1	122.6	13.9	18 754.8	405.2	25.5	2 671.4	100.3	12.2	3 573.4	125.3	13.9
	洛河	10 558.8	352.7	51.7	14 775.3	843.2	151.9	264 540.7	1 918.0	119.2	12 387.2	540.9	89.7
	伊河	6 435.8	244.0	33.8	9 894.2	634.8	121.8	7 840.7	395.8	68.5	6 830.9	344.2	63.1
	伊洛河	661.8	27.4	3.8	657.4	27.3	3.8	669.4	27.7	3.8	653.3	27.1	3.8
	合计	21 081.5	746.7	103.2	44 081.7	1 910.5	303	275 722.2	2 441.8	203.7	23 444.8	1 037.5	170.5

12.6 小 结

（1）本书以《全国水环境容量核定技术指南》为主要依据，结合伊洛河河流特征，按照河流的规模选用河流一维模式计算各单元水环境容量，利用 SWAT 模型模拟得到近 18 年（2002—2019 年）的流量、流速等结果，确定设计水文条件，建立容量计算模型，确定参数，测算化学需氧量 COD、氨氮、总磷等主要污染物环境容量。

（2）在多年月平均流量、丰水年月平均流量、平水年月平均流量等计算情景下，与传统水环境容量核定方法得出的水环境容量结果相比，SWAT 模型法容量结果明显偏小。枯水年月平均流量情景下，与传统水环境容量核定方法得出的水环境容量结果则较为接近。

（3）SWAT 模型法与传统水环境容量核定方法相比较，确定设计条件的方法不甚相同，在空间与时间上的精细程度不相同，因此两种方法的水环境容量结果并不具备可比性。

（4）SWAT 模型法受到资料缺乏的制约。目前收集的水文资料来源于水利部黄河水利委员会水情日报，该数据在个别月份均缺测，对模型模拟水文条件造成影响。模型需要输入大量的河道沿线横断面地形数据，来模拟推算流速数据，目前均设定统一的河道横断面，给模拟流速带来影响。

参 考 文 献

[1] 张永良,洪继华,夏青,等.我国水环境容量研究与展望[J].环境科学研究,1988,1(1):73-81.

[2] 夏青,孙艳,贺珍,等.水污染物总量控制实用计算方法概要(专刊)[J].环境科学研究,1989,2(3):1-73.

[3] 新疆水资源软科学课题研究组.新疆水资源及其承载能力和开发战略对策[J].水利水电技术,1989,000(006):2-8,9.

[4] 曾维华,王华东,薛纪渝,等.人口、资源与环境协调发展关键问题之一——环境承载力研究[J].中国人口·资源与环境,1991,1(2):33-37.

[5] 施雅风,曲耀光.乌鲁木齐河流域水资源承载力及其合理利用[M].北京:科学出版社,1992.

[6] 封志明.土地承载力研究的源起与发展[J].自然资源,1993(6):74-79.

[7] 崔凤军.城市水环境承载力及其实证研究[J].自然资源学报,1998,13(1):58-62.

[8] 郭秀锐,毛显强,冉圣宏.国内环境承载力研究进展[J].中国人口·资源与环境,2000,10(3):28-30.

[9] 万飚,吴贻名.河流环境容量的推求及分配方法探讨[J].武汉水利电力大学学报,2000,33(1):74-76.

[10] 汪恕诚.水环境承载能力分析与调控[J].水利发展研究,2002(11):9-12.

[11] 龙腾锐,姜文超.水资源(环境)承载力的研究进展[J].水科学进展,2003,14(2):249-253.

[12] 左其亭,马军霞,高传昌.城市水环境承载能力研究[J].水科学进展,2005,16(1):103-108.

[13] 龙平沅,周孝德,赵青松,等.水环境承载力特征及评价[J].水利科技与经济,2005,11(12):728-730.

[14] 景跃军,陈英姿.关于资源承载力的研究综述及思考[J].中国人口·资源与环境,2006,16(5):11-14.

[15] 于雷,吴舜泽,徐毅.我国水环境容量研究应用回顾及展望[J].环境保护,2007(6):46-48,57.

[16] 耿福明.区域水资源承载力分析及配置研究[D].南京:河海大学,2007.

[17] 赵建世,王忠静,甘泓,等.双要素水资源承载能力计算模型及其应用[J].水力发电学报,2009,28(3):176-188.

[18] 李颖.城市水环境承载力及其实证研究[D].哈尔滨:哈尔滨工业大学,2009.

[19] 樊庆锌,于淼,徐东川,等.大庆地区水环境承载力计算分析与评价[J].哈尔滨工业大学学报,2009,41(2):66-70.

[20] 徐越.基于可持续发展的区域水环境承载力研究[D].上海:华东师范大学,2009.

[21] 刘述锡,崔金元.长山群岛海域生物资源承载力评价指标体系研究[J].中国渔业经济,2010(2):86-91.

[22] 逄勇,陆桂华.水环境容量计算理论及应用[M].北京:科学出版社,2010.

[23] 张旋.天津市水环境承载力的研究[D].天津:南开大学,2010.

[24] 李新,石建屏,曹洪.基于指标体系和层次分析法的洱海流域水环境承载力动态研究[J].环境科学学报,2011,31(6):1338-1344.

[25] 薛小妮,甘泓,游进军,等.成都市水资源及水环境承载能力分析[J].水利水电技术,2012,43

(4):14-18.

[26] 曾维华,吴波,杨志峰,等. 水代谢、水再生与水环境承载力[M]. 北京:科学出版社,2012.

[27] 耿雅妮. 基于向量模法的西安市水环境承载力研究[J]. 中国农学通报,2013,29(11):168-172.

[28] 曾现进,李天宏,温晓玲. 基于 AHP 和向量模法的宜昌市水环境承载力研究[J]. 环境科学与技术,2013,36(6):200-205.

[29] 吴勇,刘有军,陈伟,等. 基于主成分分析法的渭河陕西段水环境质量评价[J]. 环境科学导刊,2013,32(6):82-86.

[30] 左其亭,赵衡,马军霞. 水资源与经济社会和谐平衡研究[J]. 水利学报,2014,45(7):785-792.

[31] 侯丽敏,岳强,王彤. 我国水环境承载力研究进展与展望[J]. 环境保护科学,2015,41(4):104-108.

[32] 胡若漪. 基于系统动力学的水环境承载力及其影响因素研究[D]. 长春:吉林大学,2015.

[33] 董徐艳,陈豪,何开为,等. 云南省水环境承载力动态变化研究[J]. 环境科学与技术,2016,39(S1):346-352,370.

[34] 程翔,赵志杰,秦华鹏,等. 漠阳江流域水环境容量的时空分布特征研究[J]. 北京大学学报(自然科学版),2016(3):505-514.

[35] 许玲燕,杜建国,刘高峰. 基于云模型的太湖流域农村水环境承载力动态变化特征分析——以太湖流域镇江区域为例[J]. 长江流域资源与环境,2017,26(3):445-453.

[36] 封志明,杨艳昭,闫慧敏,等. 百年来的资源环境承载力研究:从理论到实践[J]. 资源科学,2017,39(3):379-395.

[37] 郑毅,蒋进元,杨延梅,等. 基于向量模法的南宁市水环境承载力评价分析[J]. 三峡环境与生态,2017,039(001):65-68,79.

[38] 贾紫牧,陈岩,王慧慧,等. 流域水环境承载力聚类分区方法研究——以湟水流域小峡桥断面上游为例[J]. 环境科学学报,2017,37(11):4383-4390.

[39] 范小杉,何萍,陈帆,等. 沿海港口总体规划生态承载力环评技术方案[J]. 中国环境科学,2017,37(5):1971-1978.

[40] 熊鸿斌,张斯思,匡武,等. 基于 MIKE 11 模型的引江济淮工程涡河段动态水环境容量研究[J]. 自然资源学报,2017,32(8):1422-1432.

[41] 高伟,严长安,李金城,等. 基于水量–水质耦合过程的流域水生态承载力优化方法与例证[J]. 环境科学学报,2017,37(2):755-762.

[42] 赵自阳,李王成,王霞,等. 基于主成分分析和因子分析的宁夏水资源承载力研究[J]. 水文,2017,37(2):64-72.

[43] 王晓玮,邵景力,崔亚莉,等. 基于 DPSIR 和主成分分析的阜康市水资源承载力评价[J]. 南水北调与水利科技,2017,15(3):1-7.

[44] 黄睿智. 南宁市水环境承载力评价[J]. 科技和产业,2018,18(3):45-49.

[45] 黄一凡,王金生,杨眉. 基于水位–面积–湖容关系的东洞庭湖动态纳污能力分析[J]. 长江科学院院报,2018,35(9):12-16.

[46] 荆海晓,李小宝,房怀阳,等. 基于线性规划模型的河流水环境容量分配研究[J]. 水资源与水工程学报,2018,29(3):34-38,44.

[47] 李念春,周建伟,万金彪,等. 基于对数承载率模型的东营市水环境承载力评价[J]. 地质科技情报,2018,37(3):7.

[48] 文扬,周楷,蒋姝睿,等. 陆水流域水环境与水资源承载力研究[J]. 干旱区资源与环境,2018,32(3):126-132.

[49] 马雪鑫,李畅游,史小红,等. 乌梁素海水环境容量分析[J]. 灌溉排水学报,2019,38(6): 105-112.

[50] 刘丹,王烜,曾维华,等. 基于 ARMA 模型的水环境承载力超载预警研究[J]. 水资源保护,2019, 35(1):52-56.

[51] 徐志青,刘雪瑜,袁鹏,等. 南京市水环境承载力动态变化研究[J]. 环境科学研究,2019,32 (4):557-564.

[52] 李洪利. 太子河鞍山市段水环境承载力动态研究[J]. 吉林水利,2019(7):50-55.

[53] 孙冬梅,程雅芳,冯平. 海河干流汛期动态水环境容量计算研究[J]. 水利学报,2019,50(12): 1454-1466.

[54] 王志秀,钟艳霞,田欣,等.西北典型城区湖泊湿地水环境承载力研究[J].中国农村水利水电,2019 (7):83-86,92.

[55] 赵林林,刘海婧,严钰. 扬州市水资源承载能力评价研究[J]. 水利技术监督,2019(4):199-201.

[56] 董晋明. 水环境承载力评价与预警研究[J]. 山西科技,2019,34(3):90-92.

[57] 褚雅君,许萍,王海东,等. 基于区域水量-水质的水资源承载力研究[J]. 中国给水排水,2020, 36(3):54-61.

[58] 朱靖,余玉冰,王淑. 岷沱江流域水环境治理绩效综合评价方法研究[J]. 长江流域资源与环境, 2020,29(9):1995-2004.

[59] 刘斐. 基于 DPSIRH 和 SD 的区域水环境承载力研究[D].郑州:华北水利水电大学,2020.

[60] 张浩然. 基于三种评价模型的河南省水环境承载力研究[D].郑州:华北水利水电大学,2020.

[61] 查木哈,吴琴,马成功,等. 基于 DPSIR 模型评价内蒙古水环境承载力[J]. 内蒙古农业大学学报 (自然科学版),2020,41(6):65-73.

[62] 杨东明,卢韵竹,王富强,等.基于量-质耦合协调发展的城市水环境承载力评价[J].华北水利水电 大学学报(自然科学版),2020,41(6):32-39.

[63] 郑博福,范焰焰,任艳红,等. 典型河网地区水环境承载力评估——以长兴县为例[J]. 中国农村 水利水电,2020(7):54-59.

[64] 曹若馨,张可欣,曾维华,等. 基于 BP 神经网络的水环境承载力预警研究——以北运河为例[J]. 环境科学学报,2021,41(5):2005-2017.

[65] Meadows D H,Goldsmith E,Meadow P. The Limits to Growth[M]. New American Library,1972.

[66] Bowles D S,Grenney W J. Steady state river quality modeling by sequential extended Kalman filters[J]. Water Resources Research,1978,14(1):84-96.

[67] Young R A,Onstad C A,Bosch D D,et al. Agricultural nonpoint source pollution model:A watershed a-nalysis tool. 1987.

[68] Zielinski,P A. Stochastic Dissolved Oxygen Model[J]. Journal of Environmental Engineering,1988,114 (1):74-90.

[69] Arrow K,Bolin B,Costanza R,et al. Economic growth,carrying capacity, and the environment[J]. Sci-ence, 1996, 1(5210):104-110.

[70] Harris J M,Kennedy S. Carrying capacity in agriculture:global and regional issues[J]. Ecological Eco-nomics,1999,29(3):443-461.

[71] Schultink G. Critical environmental indicators:performance indices and assessment models for sustainable rural development planning[J]. Ecological Modelling, 2000, 130(1-3):47-58.

[72] Havens K E,Schelske C L. The importance of considering biological processes when setting total maximum daily loads (TMDL) for phosphorus in shallow lakes and reservoirs[J]. Environmental Pollution, 2001,

113(1) :1-9.

[73] Borsuk,Mark E,Stow, et al. Predicting the Frequency of Water Quality Standard Violations: A Probabilities Approach for TMDL Development[J]. Environmental Science & Technology, 2002.

[74] Council N. A Review of the Florida Keys Carrying Capacity Study[J]. 2002.

[75] Furuya K T B U J. Environmental carrying capacity in an aquaculture ground of seaweeds and shellfish in Sanriku coast [Japan][J]. Bulletin of Fisheries Research Agency (Japan), 2004.

[76] Barnwell T O,Jr,Brown L C,et al. Importance of Field Data in Stream Water Quality Modeling Using QUAL2E-UNCAS[J]. Journal of Environmental Engineering, 2004, 130(6):643-647.

[77] Benham B L,Brannan K M,Yagow G , et al. Development of Bacteria and Benthic Total Maximum Daily Loads[J]. Journal of Environmental Quality, 2005, 34(5):1860-1872.

[78] Neitsch S L,Arnold J G,Kiniry J R,et al. Soil and water assessment tool theoretical documentation version 2009[R]. City: Texas Water Resources Institute, 2011.

[79] Goodrich D C,Burns I S,Unkrich C L,et al. KINEROS 2/AGWA: Model use, calibration, and validation[J]. Transactions of the Asabe, 2013, 55(4):1561-1574.

[80] Milano M,D Ruelland,Dezetter A,et al. Modeling the current and future capacity of water resources to meet water demands in the Ebro basin[J]. Journal of Hydrology, 2013, 500(11):114-126.

[81] Shimelis, Behailu, Dessu, et al. Assessment of water resources availability and demand in the Mara River Basin[J]. CATENA, 2014.

[82] Hua, Wang,Yiyi,et al. Fluctuation of the water environmental carrying capacity in a huge river-connected lake[J]. International journal of environmental research and public health, 2015.

[83] Widodo B,Lupyanto R,Sulistiono B,et al. Analysis of Environmental Carrying Capacity for the Development of Sustainable Settlement in Yogyakarta Urban Area[J]. Procedia Environmental Sciences, 2015, 28:519-527.

[84] Meng R F,Yang H F,Liu C L. Evaluation of water resources carrying capacity of Gonghe basin based on fuzzy comprehensive evaluation method[J]. 地下水科学与工程:英文版, 2016, 004(3):213-219.

[85] Pires A,Morato J,Peixoto H,et al. Sustainability Assessment of indicators for integrated water resources management[J]. ence of The Total Environment, 2016:139-147.

[86] Bolis I,Morioka S N,Sznelwar L I. Are we making decisions in a sustainable way? A comprehensive literature review about rationalities for sustainable development[J]. Journal of Cleaner Production, 2017, 145(MAR. 1):310-322.

[87] Seyed, Arman,Hashemi, et al. Water Quality Planning in Rivers: Assimilative Capacity and Dilution Flow[J]. Bulletin of Environmental Contamination & Toxicology, 2017.

[88] Borah D K,Ahmadisharaf E,Padmanabhan G,et al. Watershed models for development and implementation of total maximum daily loads[J]. Journal of Hydrologic Engineering, 2019, 24(1):03118001.

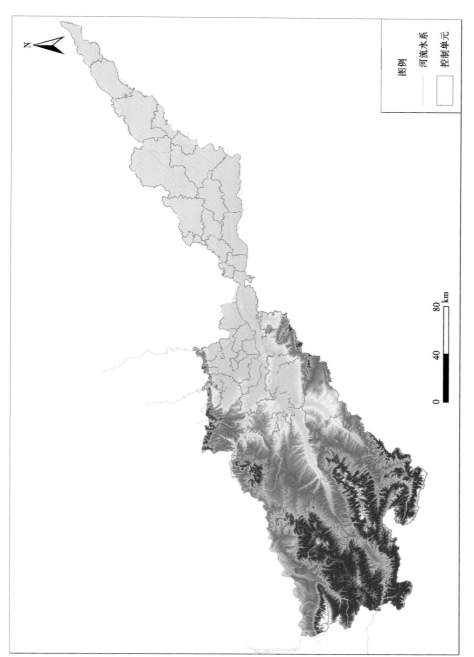

图例

—— 河流水系

☐ 控制单元

N

0 40 80
━━━━━ km

附图 1 河南省黄河流域控制单元划分示意图

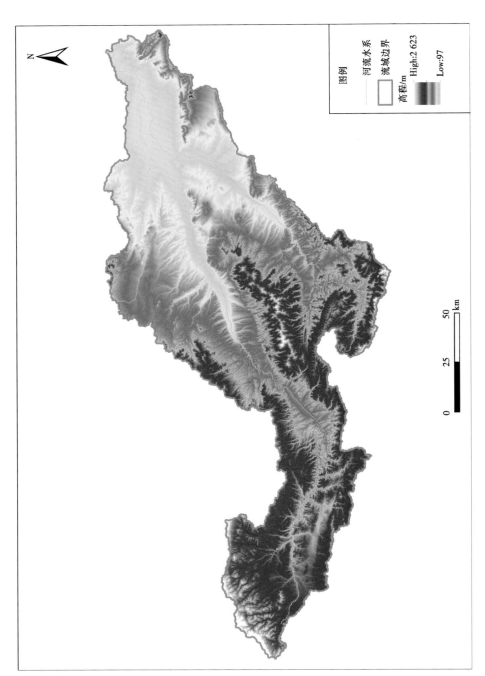

图例

——— 河流水系

☐ 流域边界

高程/m

High:2 623

Low:97

0 25 50
——— km

附图 2 伊洛河流域数字高程图

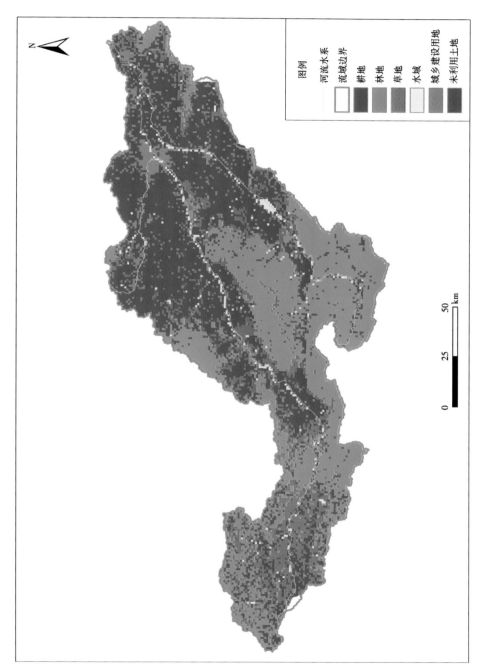

附图 3　伊洛河流域土地利用类型图

图例

河流水系
流域边界
耕地
林地
草地
水域
城乡建设用地
未利用土地

0　25　50 km

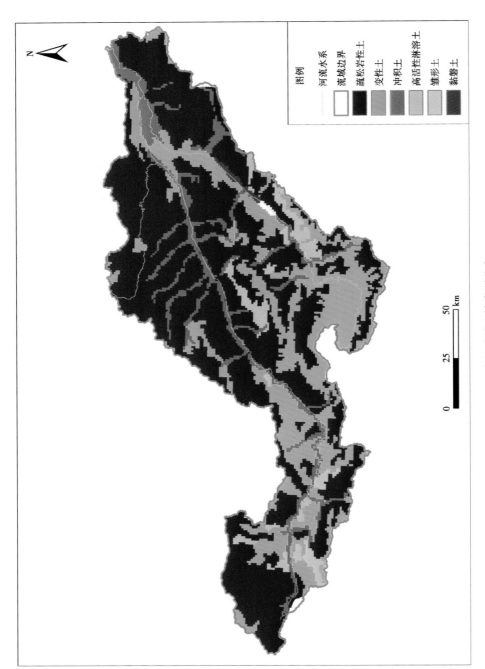

图例

	河流水系
	流域边界
	疏松岩性土
	变性土
	冲积土
	高活性淋溶土
	雏形土
	黏磐土

0   25   50
└──────┴──────┘ km

附图 4 伊洛河流域土壤类型分布

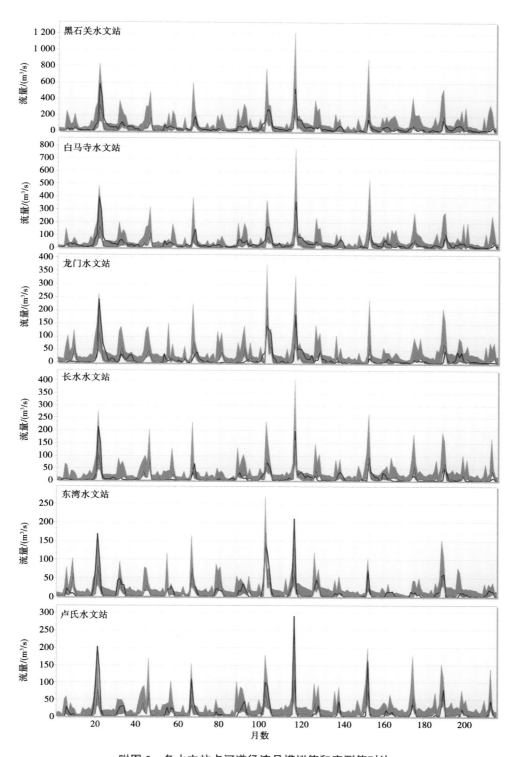

附图 5　各水文站点河道径流月模拟值和实测值对比